LIANG SICHENG DE

梁思成
的 建筑课

JIANZHU KE

梁思成 著

APTIME
时代出版
时代出版传媒股份有限公司
安徽文艺出版社

图书在版编目（ＣＩＰ）数据

梁思成的建筑课/梁思成著. —合肥：安徽文艺出版社, 2024.5
ISBN 978-7-5396-7965-5

Ⅰ. ①梁… Ⅱ. ①梁… Ⅲ. ①建筑学－文集 Ⅳ.①TU-53

中国国家版本馆 CIP 数据核字(2024)第 026659 号

| 出 版 人：姚　巍 | 丛书策划：秦知逸 |
| 责任编辑：秦知逸 | 装帧设计：赵　梁 |

出版发行：安徽文艺出版社　　www.awpub.com
地　　址：合肥市翡翠路 1118 号　　邮政编码：230071
营 销 部：(0551)63533889
印　　制：安徽新华印刷股份有限公司　　(0551)65859551

开本：880×1230　1/32　印张：7.75　字数：160 千字
版次：2024 年 5 月第 1 版
印次：2024 年 5 月第 1 次印刷
定价：38.00 元

出版前言

　　梁思成(1901—1972年)是我国著名的建筑历史学家、建筑教育家和建筑师,被誉为"中国近代建筑之父"。他将他的一生都投入古建筑的研究和保护工作中,与助手走访了中国十五个省两百多个县,测绘和拍摄两千多件古代建筑物。其中,于1933年发现、测定年代的山西应县木塔,是现今所存最高、最古老的纯木结构楼阁式建筑;1937年发现的五台佛光寺,是当时唯一发现的唐代木构建筑遗存。通过对一批唐宋时期建筑的榫卯结构的研究,梁思成破解了当时堪称"天书"的《宋代营造法式》,发现了中国古代木质建筑结构的奥秘。中华人民共和国成立后,梁思成参与了人民英雄纪念碑、中华人民共和国国徽等作品的设计。他为北京城市建设提供了方案,挽救了北海的团城。他的主要著作有《清式营造则例》《中国建筑史》等。

本书从梁思成有关建筑的文章中择选出价值高,且适宜非建筑专业或初入门的读者的文章编纂而成,分为建筑学概论、典型古建筑介绍、建筑师的工作、城市规划四个章节,对建筑学及中国古代建筑做一个通识性的介绍。

书中的插图均为梁思成的手绘图,多数来自《图像中国建筑史》一书。从这些精美的插图中,我们不仅可以看到中国古代建筑的精妙设计和繁杂技艺,而且可以领会梁思成高超的绘图技术和一丝不苟的专业精神。

在编校过程中,本书遵循以下原则:

1. 由于所涉篇目写作时代较早,为了保留当时的语言特点和作者本人的语言风格,对原文的语言表述不做修改,但对于明显的错别字、英文单词拼写错误等,则径改。标点符号的使用完全依现行标准。

2. 早期外国人名、地名的翻译与现代通行译法有较大的区别。为了便于读者阅读,本书中常见人名、地名,直接改为现行译法,不再另行出注。

3. 页下脚注为编者所加。为了区别,原文中作者的脚注一律改成文中括注。

目　　录

第一课　建筑概论

第二课　古建风姿

第三课　建筑师的工作

第四课　城市建设

第一课　建筑概论

建筑和建筑的艺术

近两三个月来，许多城市的建筑工作者都在讨论建筑艺术的问题，有些报刊报道了这些讨论，还发表了一些文章，引起了各方面广泛的兴趣和关心。因此在这里以《建筑和建筑的艺术》为题，为广大读者做一点一般性的介绍。

一门复杂的科学——艺术

建筑虽然是一门技术科学，但它又不仅仅是单纯的技术科学，而往往又是带有或多或少（有时极高度的）艺术性的综合体。它是很复杂的、多面性的，概括地可以从三个方面来看。

首先，由于生产和生活的需要，往往许多不同的房屋集中在一起，形成了大大小小的城市。一座城市里，有生产用的房屋，有生活用的房屋。一个城市是一个活的、有机的整体。它的"身体"主要是由成千上万座各种房屋组成的。这些房屋的适当安排，以适应生产和生活的需要，是一项极其复杂而细致的工作，叫作城市规划。这是建筑工作的复杂性的第一个方面。

其次,随着生产力的发展、技术科学的进步,在结构上和使用功能上的技术要求也越来越高、越复杂了。从人类开始建筑活动,一直到十九世纪后半的漫长的年代里,在材料技术方面,虽然有些缓慢的发展,但都沿用砖、瓦、木、石,几千年没有多大改变,也没有今天的所谓设备。但是到了十九世纪中叶,人们就开始用钢材做建筑材料;后来用钢条和混凝土配合使用,发明了钢筋混凝土;人们对于材料和土壤的力学性能,了解得越来越深入、越精确,建筑结构的技术就成为一种完全可以从理论上精确计算的科学了。在过去这一百年间,发明了许多高强度金属和可塑性的材料,这些也都逐渐运用到建筑上来了。这一切科学上的新的发展就促使建筑结构要求越来越高的科学性。而这些科学方面的进步,又为满足更高的要求,例如更高的层数或更大的跨度等,创造了前所未有的条件。

这些科学技术的发展和发明,也帮助解决了建筑物的功能和使用上从前所无法解决的问题。例如人民大会堂里的各种机电设备,它们都是不可缺少的。没有这些设备,即使在结构上我们盖起了这个万人大会堂,也是不能使用的。其他各种建筑,例如博物馆,在光线、温度、湿度方面就有极严格的要求;冷藏库就等于一座庞大的巨型电气冰箱;一座现代化的舞台,更是一件十分复杂的电气化的机器。这一切都是过去的建筑所没有的,但在今天,它们很多已经不是房子盖好以后再加上去的设备,而往往是同房屋的结构一样,成为构成建筑物的不可分割的部分了。因此,今天的建筑,除去那些最简单的小房子可以由建筑师单独完成以外,差不多没有不是由建筑师、结构工程师和其他各工种的设备工程师和各种生产的工艺工程师协作设计的。这是建筑的复杂性的第二个方面。

第三,就是建筑的艺术性或美观的问题。两千年前,罗马的一位建筑理论家就指出,建筑有三个因素:适用、坚固、美观。一直到今天,我们对建筑还是同样地要它满足这三方面的要求。

我们首先要求房屋合乎实用的要求:要房间的大小、高低,房间的数目,房间和房间之间的联系,平面的和上下层之间的联系,以及房间的温度、空气、阳光等等都合乎使用的要求。同时,这些房屋又必须有一定的坚固性,能够承担起设计任务所要求于它的荷载。在满足了这两个前提之后,人们还要求房屋的样子美观。因此,艺术性的问题就扯到建筑上来了。那就是说,建筑是有双重性或者两面性的:它既是一种技术科学,同时往往也是一种艺术,而两者往往是统一的、分不开的。这是建筑的复杂性的第三个方面。

今天我们所要求于一个建筑设计人员的,是对于上面所谈到的三个方面的错综复杂的问题,从国民经济、城市整体的规划的角度,从材料、结构、设备、技术的角度,以及适用、坚固、美观三者的统一的角度来全面了解、全面考虑,对于个别的或成组成片的建筑物做出适当的处理。这就是今天的建筑这一门科学的概括的内容。目前建筑工作者正在展开讨论的正是这第三个方面中的最后一点——建筑的艺术或美观的问题。

建筑的艺术性

一座建筑物是一个有体有形的庞大的东西,长期站立在城市或乡村的土地上。既然有体有形,就必然有一个美观的问题,对于接触到它的人,必然引起一种美感上的反应。在北京的公共汽车上,每当经过一些新建的建筑的时候,车厢里往往就可以听见一片评头品足的议论,有赞叹歌颂的声音,也有些批评惋惜的论调。这是十分自然的。因此,作为一个建筑设计人员,在考虑适用和工程结构的问题的同时,绝不能忽略了他所设计的建筑,在完成之后,要以什么样的面貌出现在城市的街道上。

在旧社会里,特别是在资本主义社会,建筑绝大部分是私人的事情。但在我们的社会主义社会里,建筑已经成为我们的国民经济计划的具体表现的一部分。它是党和政府促进生产、改善人民生活的一个重要工具。建筑物的形象反映出人民和时代的精神面貌。作为一种上层建筑,它必须适应经济基础。所以建筑的艺术就成为广大群众所关心的大事了。我们党对这一点是非常重视的。远在1953年,党就提出了"适用、经济,在可能条件下注意美观"的建筑方针。在最初的几年,在建筑设计中虽然曾经出现过结构主义、功能主义、复古主义等等各种形式主义的偏差,但是,在党的领导和教育下,到1956年前后,这些偏差都基本上端正过来了。再经过几年的实践锻炼,我们就取得了像人民大会堂等巨型公共建筑在艺术上的卓越成就。

建筑的艺术和其他的艺术既有相同之处，也有区别，现在先谈谈建筑的艺术和其他艺术相同之点。

首先，建筑的艺术一面，作为一种上层建筑，和其他的艺术一样，是经济基础的反映，是通过人的思想意识而表达出来的，并且是为它的经济基础服务的。不同民族的生活习惯和文化传统又赋予建筑以民族性。它是社会生活的反映，它的形象往往会引起人们情感上的反应。

从艺术的手法技巧上看，建筑也和其他艺术有很多相同之点。它们都可以通过它的立体和平面的构图，运用线、面和体各部分的比例、平衡、对称、对比、韵律、节奏、色彩、表质等等而取得它的艺术效果。这些都是建筑和其他艺术相同的地方。

但是，建筑又不同于其他艺术。其他的艺术完全是艺术家思想意识的表现，而建筑的艺术却必须从属于适用经济方面的要求，要受到建筑材料和结构的制约。一张画、一座雕像、一出戏、一部电影，都是可以任人选择的。可以把一张画挂起来，也可以收起来。一部电影可以放映，也可以不放映。一般地它们的体积都不大，它们的影响面是可以由人们控制的。但是，一座建筑物一旦建造起来，它就要几十年几百年地站立在那里。它的体积非常庞大，不由分说地就形成了当地居民生活环境的一部分，强迫人去使用它、去看它，好看也得看，不好看也得看。在这点上，建筑是和其他艺术极不相同的。

绘画、雕塑、戏剧、舞蹈等艺术都是现实生活或自然现象的反映或再现。建筑虽然也反映生活，却不能再现生活。绘画、雕塑、戏剧、舞蹈能够表达它赞成什么，反对什么。建筑就很难做到这一点。建筑虽然也引起人们的感情反应，但它只能表达一定的气氛，或是庄严雄伟，或是明朗轻快，或是神秘恐怖，等等。这也是建筑和其他艺术不同之点。

建筑的民族性

建筑在工程结构和艺术处理方面还有民族性和地方性的问题。在这个问题上，建筑和服装有很多相同之点。服装无非是用一些纺织品（偶尔加一些皮革），根据人的身体，做成掩蔽身体的东西。在寒冷的地区和季节，要求它保暖；在炎热的季节或地区，又要求它凉爽。建筑也无非是用一些砖瓦木石搭起来以取得一个有掩蔽的空间，同衣服一样，也要适应气候和地区的特征。几千年来，不同的民族，在不同的地区，在不同的社会发展阶段中，各自创造了极不相同的形式和风格。例如，古代埃及和希腊的建筑，今天遗留下来的都有很多庙宇。它们都是用石头的柱子、石头的梁和石头的墙建造起来的。埃及的都很沉重严峻。仅仅隔着一个地中海，在对岸的希腊，却呈现一种轻快明朗的气氛。又如中国建筑自古以来就用木材形成了我们这种建筑形式，有鲜明的民族特征和独特的民族风格。别的国家和民族，在亚洲、欧洲、非洲，也都用木材建造房屋，但是都有不同的民族特征。甚至就在中国不同的地区、不同的民族用一种基本上相同的结构方法，还是有各自不同的特征。总的说来，就是在一个民族文化发展的初期,由于交通不便,和其他民族隔绝,各自发展自己的文化;岁久天长,逐渐形成了自己的传统,形成了不同的特征。当然,随着生产力的发展,科学技术逐渐进步,各个民族的活动范围逐渐扩大,彼此之间的接触也越来越多,而彼此影响。在这种交流和发展中,每个民族都按照自己的需要吸收外来的东西。每个民族的文化都在缓慢地,但是不断地改变和发展着,但仍然保持着自己的民族特征。

今天,情况有了很大的改变,不仅各民族之间交通方便,而且各个国家、各民族、各地区之间不断地你来我往。现代的自然科学和技术科学使我们掌握了各种建筑材料的力学物理性能,可以用高度精确的科学性计算出最合理的结构;有许多过去不能解决的结构问题,今天都能解决了。在这种情况下,就提出一个问题:在建筑上如何批判地吸收古今中外有用的东西和现代的科学技术很好地结合起来。我们绝不应否定我们今天所掌握的科学技术对于建筑形式和风格的不可否认的影响。如何吸收古今中外一切有用的东西,创造社会主义的、中国的建筑新风格,正是我们讨论的问题。

美观和适用、经济、坚固的关系

对每一座建筑,我们都要求它适用、坚固、美观。我们党的建筑方针是"适用、经济,在可能条件下注意美观"。建筑既是工程,又是艺术,它是有工程和艺术的双重性的。但是建筑的艺术是不能脱离了它的适用的问题和工程结构的问题而单独存在的。适用、坚固、美观之间存在着矛盾,建筑设计人员的工作就是要正确处理它们之间的矛盾,求得三方面的辩证的统一。明显的是,在这三者之中,适用是人们对建筑的主要要求。每一座建筑都是为了一定的适用的需要而建造起来的。其次是每一座建筑在工程结构上必须具有它的功能的适用要求所需要的坚固性。不解决这两个问题就根本不可能有建筑物的物质存在。建筑的美观问题是在满足了这两个前提的条件下派生的。

在我们社会主义建设中,建筑的经济是一个重要的政治问题。在生产性建筑中,正确地处理建筑的经济问题是我们积累社会主义建设资金、扩大生产再生产的一个重要手段。在非生产性建筑中,正确地处理经济问题是一个用最少的资金,为广大人民最大限度地改善生活环境的问题。社会主义的建筑师忽视建筑中的经济问题是党和人民所不允许的。因此,建筑的经济问题,在我们社会主义建设中,就被提到前所未有的政治高度。因此,党指示我们在一切民用建筑中必须贯彻"适用、经济,在可能条件下注意美观"的方针。应该特别指出,我们的建筑的美观问题是在适用和经济的可能条件下予以注意的。所以,当我们讨论建筑的艺术问题,也就是讨论建筑的美观问题时,是不能脱离建筑的适用问题、工程结构问题、经济问题而把它孤立起来讨论的。

建筑的适用和坚固的问题,以及建筑的经济问题都是比较"实"的问题,有很多都是可以用数目字计算出来的。但是建筑的艺术问题,虽然它脱离不了这些"实"的基础,但它却是一个比较"虚"的问题。因此,在建筑设计人员之间,就存在着比较多的不同的看法,比较容易引起争论。

在技巧上考虑些什么?

为了便于广大读者了解我们的问题,我在这里简略地介绍一下在考虑建筑的艺术问题时,在技巧上我们考虑哪些方面。

轮廓　首先,我们从一座建筑物作为一个有三度空间的体量上去考虑,从它所形成的总体轮廓去考虑。例如天安门,看它的下面的大台座和上面双重房檐的门楼所构成的总体轮廓,看它的大小、高低、长宽等等的相互关系和比例是否恰当。在这一点上,好比看一个人,只要先从远处一望,看她头的大小,肩膀宽窄,胸腰粗细,四肢的长短,站立的姿势,就可以大致做出结论她是不是一个美人了。建筑物的美丑问题,也有类似之处。

比例　其次就要看一座建筑物的各个部分和各个构件的本身和相互之间的比例关系。例如门窗和墙面的比例,门窗和柱子的比例,柱子和墙面的比例,门和窗的比例,门和门、窗和窗的比例,这一切的左右关系之间的比例、上下层关系之间的比例等等;此外,又有每一个构件本身的比例,例如门的宽和高的比例,窗的宽和高的比例,柱子的柱径和柱高的比例,檐子的深度和厚度的比例等等;总而言之,抽象地说,就是一座建筑物在三度空间和两度空间的各个部分之间的,虚与实的比例关系,凹与凸的比例关系,长宽高的比例关系的问题。而这种比例关系是决定一座建筑物好看不好看的最主要的因素。

尺度 在建筑的艺术问题之中,还有一个和比例很相近,但又不仅仅是上面所谈到的比例的问题,我们叫它作建筑物的尺度。比例是建筑物的整体或者各部分、各构件的本身或者它们相互之间的长宽高的比例关系或相对的比例关系;而所谓尺度则是一些主要由于适用的功能,特别是由于人的身体的大小所决定的绝对尺寸和其他各种比例之间的相互关系问题。有时候我们听见人说,某一个建筑真奇怪,实际上那样高大,但远看过去却不显得怎么大,要一直走到跟前抬头一望,才看到它有多么高大。这是什么道理呢? 这就是因为尺度的问题没有处理好。

一座大建筑并不是一座小建筑的简单地按比例放大。其中有许多东西是不能放大的,有些虽然可以稍微放大一些,但不能简单地按比例放大。例如有一间房间,高 3 米,它的门高 2.1 米,宽 90 厘米;门上的锁把子离地板高 1 米;门外有几步台阶,每步高 15 厘米,宽 30 厘米;房间的窗台离地板高 90 厘米。但是当我们盖一间高 6 米的房间的时候,我们却不能简单地把门的高宽、门锁和窗台的高度、台阶每步的高宽按比例加一倍。在这里,门的高宽是可以略略放大一点的,但放大也必须合乎人的尺度,例如说,可以放到高 2.5 米,宽 1.1 米左右,但是窗台、门把子的高度,台阶每步的高宽却是绝对的、不可改变的。由于建筑物上这些相对比例和绝对尺寸之间的相互关系,就产生了尺度的问题,处理得不好,就会使得建筑物的实际大小和视觉上给人的大小的印象不相称。这是建筑设计中的艺术处理手法上一个比较不容易掌握的问题。从一座建筑的整体到它的各个局部细节,乃至于一个广场、一条街道、一个建筑群,都有这尺度问题。美术家画人也有与此类似的问题。画一个大人并不是把一个小孩按比例放大;按比例放大,无论放多大,看过去还是一个小孩子。在这一点上,画家的问题比较简单,因为人的发育成长有它的自然的、必然的规律。但在建筑设计中,一切都是由设计人创造出来的,每一座不同的建筑在尺度问题上都需要给予不同的考虑。要做到无论多大多小的建筑,看过去都和它的实际大小恰如其分地相称,可是一件不太简单的事。

均衡　在建筑设计的艺术处理上还有均衡、对称的问题。如同其他艺术一样,建筑物的各部分必须在构图上取得一种均衡、安定感。取得这种均衡的最简单的方法就是用对称的方法,在一根中轴线的左右完全对称。这样的例子最多,随处可以看到。但取得构图上的均衡不一定要用左右完全对称的方法。有时可以用一边高起一边平铺的方法,有时可以一边用一个大的体积和一边用几个小的体积的方法或者其他方法取得均衡。这种形式的多样性是由于地形条件的限制,或者由于功能上的特殊要求而产生的。但也有由于建筑师的喜爱而做出来的。山区的许多建筑都采取不对称的形式,就是由于地形的限制。有些工业建筑由于工艺过程的需要,在某　部位上会突出一些特别高的部分,高低不齐,有时也取得很好的艺术效果。

节奏　节奏和韵律是构成一座建筑物的艺术形象的重要因

素,前面所谈到的比例,有许多就是节奏或者韵律的比例。这种节奏和韵律也是随时随地可以看见的。例如从天安门经过端门到午门,天安门是重点的一节或者一个拍子,然后左右两边的千步廊,各用一排等距离的柱子,有节奏地排列下去。但是每九间或十一间,节奏就要断一下,加一道墙,屋顶的脊也跟着断一下。经过这样几段之后,就出现了东西对峙的太庙门和社稷门,好像引进了一个新的主题。这样有节奏有韵律地一直达到端门,然后又重复一遍达到午门。

事实上,差不多所有的建筑物,无论在水平方向上或者垂直方向上,都有它的节奏和韵律。我们若是把它分析分析,就可以看到建筑的节奏、韵律有时候和音乐很相像。例如有一座建筑,由左到右或者由右到左,是一柱、一窗,一柱、一窗地排列过去,就像"柱、窗,柱、窗,柱、窗,柱、窗……"的 2/4 拍子①。若是一柱二窗的排列法,就有点像"柱、窗、窗,柱、窗、窗……"的圆舞曲。若是一柱三窗地排列,就是"柱、窗、窗、窗,柱、窗、窗、窗……"的 4/4 拍子了。

在垂直方向上,也同样有节奏、韵律。北京广安门外的天宁寺塔就是一个有趣的例子,由下看上去,最下面是一个扁平的不显著的月台;上面是两层大致同样高的重叠的须弥座;再上去是一周小挑台,专门名词叫平坐;平坐上面是一圈栏杆,栏杆上是

---

① 2/4 拍是四分音符为一拍,每小节两拍,第一拍为强拍,第二拍为弱拍。后面所说的圆舞曲一般为 3/4 拍,即四分音符为一拍,每小节三拍;4/4 拍为四分音符为一拍,每小节四拍。

一个三层莲瓣座;再上去是塔的本身,高度和两层须弥座大致相
等;再上去是十三层檐子;最上是攒尖瓦顶,顶尖就是塔尖的宝
珠。按照这个层次和它们高低不同的比例,我们大致(只是大
致)可以看到(而不是听到)这样一段节奏:

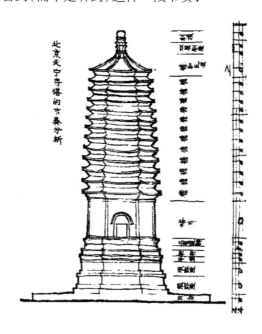

我在这里并没有牵强附会。同志们要是不信,请到广安门
外去看看,从这张图也可以看出来。

质感　在建筑的艺术效果上另一个起作用的因素是质感,
那就是材料表面的质地的感觉。这可以和人的皮肤相比,看看
她的皮肤是粗糙或是细腻,是光滑还是皱纹很多;也像衣料,看
它是毛料、布料或者是绸缎,是粗是细,等等。

　　建筑表面材料的质感,主要是由两方面来掌握的,一方面是材料的本身,一方面是材料表面的加工处理。建筑师可以运用不同的材料,或者是几种不同材料的相互配合而取得各种艺术效果;也可以只用一种材料,但在表面处理上运用不同的手法而取得不同的艺术效果。例如北京的故宫太和殿,就是用汉白玉的台基和栏杆,下半青砖,上半抹灰的砖墙,木材的柱梁斗拱和琉璃瓦等等不同的材料配合而成的(当然这里面还有色彩的问题,下面再谈)。欧洲的建筑,大多用石料,打得粗糙就显得雄壮有力,打磨得光滑就显得斯文一些。同样的花岗石,从极粗糙的表面到打磨得像镜子一样地光亮,不同程度的打磨,可以取得十几二十种不同的效果。用方整石块砌的墙和乱石砌的"虎皮墙",效果也极不相同。至于木料,不同的木料,特别是由于木纹的不同,都有不同的艺术效果。用斧子砍的,用锯子锯的,用刨子刨的,以及用砂纸打光的木材,都各有不同的效果。抹灰墙也有抹光的,有拉毛的;拉毛的方法又有几十种。油漆表面也有光滑的或者皱纹的处理。这一切都影响到建筑的表面的质感。建筑师在这上面是大有文章可做的。

　　色彩　关系到建筑的艺术效果的另一个因素就是色彩。在色彩的运用上,我们可以利用一些材料的本色。例如不同颜色的石料,青砖或者红砖,不同颜色的木材,等等。但我们更可以采用各种颜料,例如用各种颜色的油漆、各种颜色的琉璃、各种颜色的抹灰和粉刷,乃至不同颜色的塑料,等等。

　　在色彩的运用上,从古以来,中国的匠师是最大胆和最富有创造性的。咱们就看看北京的故宫、天坛等等建筑吧。白色的台基，大红色的柱子、门窗、墙壁，檐下青绿点金的彩画，金黄的或是翠绿的或是宝蓝的琉璃瓦顶，特别是在秋高气爽、万里无云、阳光灿烂的北京的秋天，配上蔚蓝色的天空做背景，那是每一个初到北京来的人永远不会忘记的印象。这对于我们中国人都是很熟悉的，没有必要在这里多说了。

装饰 关于建筑物的艺术处理上我要谈的最后一点就是装饰雕刻的问题。总的说来，它是比较次要的，就像衣服上的绲边或者是绣点花边，或者是胸前的一个别针、头发上的一个卡子或蝴蝶结一样。这一切，对于一个人的打扮，虽然也能起一定的效果，但毕竟不是主要的。对于建筑也是如此，只要总的轮廓、比例、尺度、均衡、节奏、韵律、质感、色彩等等问题处理得恰当，建筑的艺术效果就大致已经决定了。假使我们能使建筑像唐朝的虢国夫人那样，能够"淡扫蛾眉朝至尊"，那就最好。但这不等于说建筑就根本不应该有任何装饰。必要的时候，恰当地加一点装饰，是可以取得很好的艺术效果的。

要装饰用得恰当，还是应该从建筑物的功能和结构两方面去考虑。再拿衣服来做比喻。衣服上的装饰也应从功能和结构上考虑，不同之点在于衣服还要考虑到人的身体的结构。例如领口、袖口，旗袍的下摆、衩子、大襟都是结构的重要部分，有必要时可以绣些花边；腰是人身结构的"上下分界线"，用一条腰带来强调这条分界线也是恰当的。又如口袋有它的特殊功能，因此把整个口袋或口袋的口子用一点装饰来突出一下也是恰当的。建筑的装饰,也应该抓住功能上和结构上的关键来略加装饰。例如,大门口是功能上的一个重要部分,就可以用一些装饰来强调一下。结构上的柱头、柱脚,门窗的框子,梁和柱的交接点,或是建筑物两部分的交接线或分界线,都是结构上的"骨节眼",也可以用些装饰强调一下。在这一点上,中国的古代建筑是最善于对结构部分予以灵巧的艺术处理的。我们看到的许多装饰,如桃尖梁头①,各种的云头或荷叶形的装饰,绝大多数就是在结构构件上的一点艺术加工。结构和装饰的统一是中国建筑的一个优良传统。屋顶上的脊和鸱吻、兽头、仙人、走兽等等装饰,它们的位置、轻重、大小,也是和屋顶内部的结构完全一致的。

由于装饰雕刻本身往往也就是自成一局的艺术创作,所以上面所谈的比例、尺度、质感、对称、均衡、韵律、节奏、色彩等等方面,也是同样应该考虑的。

当然,运用装饰雕刻,还要按建筑物的性质而定。政治性强、艺术要求高的,可以适当地用一些。工厂车间就根本用不着。一个总的原则就是不可滥用。滥用装饰雕刻,就必然欲益反损,弄巧成拙,得到相反的效果。

有必要重复一遍:建筑的艺术和其他艺术有所不同,它是不能脱离适用、工程结构和经济的问题而独立存在的,它虽然对于城市的面貌起着极大的作用,但是它的艺术是从属于适用、工程

---

① 桃尖梁头:端头做成桃形的梁,起连接作用,也作挑尖梁头。

结构和经济的考虑的,是派生的。

此外,由于每一座个别的建筑都是构成一个城市的一个"细胞",它本身也不是单独存在的。它必然有它的左邻右舍,还有它的自然环境或者园林绿化。因此,个别建筑的艺术问题也是不能脱离了它的环境而孤立起来单独考虑的。有些同志指出:北京的民族文化宫和它的左邻右舍水产部大楼和民族饭店的相互关系处理得不大好。这正是指出了我们工作中在这方面的缺点。

总而言之,建筑的创作必须从国民经济、城市规划、适用、经济、材料、结构、美观等等方面全面地综合地考虑。而它的艺术方面必须在前面这些前提下,再从轮廓、比例、尺度、质感、节奏、韵律、色彩、装饰等等方面去综合考虑,在各方面受到严格的制约,是一种非常复杂的、高度综合性的艺术创作。

中国建筑的特征

中国的建筑体系是在世界各民族数千年文化史中一个独特的建筑体系。它是中华民族数千年来世代经验的累积所创造的。这个体系分布到很广大的地区：西起葱岭，东至日本、朝鲜，南至越南、缅甸，北至黑龙江，包括蒙古人民共和国的区域在内。这些地区的建筑和中国中心地区的建筑，或是同属于一个体系，或是大同小异，如弟兄之同属于一家的关系。

考古学家所发掘的殷代遗址证明，至迟在公元前十五世纪，这个独特的体系已经基本上形成了。它的基本特征一直保留到了最近代。三千五百年来，中国世世代代的劳动人民发展了这个体系的特长，不断地在技术上和艺术上把它提高，达到了高度水平，取得了辉煌成就。

中国建筑的基本特征可以概括为下列九点。

（一）个别的建筑物，一般地由三个主要部分构成：下部的台基，中间的房屋本身和上部翼状伸展的屋顶。

（二）在平面布置上，中国所称为一"所"房子是由若干座这种建筑物以及一些联系性的建筑物，如回廊、抱厦、厢、耳、过厅等等,围绕着一个或若干个庭院或天井建造而成的。在这种布置中,往往左右均齐对称,构成显著的轴线。这同一原则,也常应用在城市规划上。主要的房屋一般地都采取向南的方向,以取得最多的阳光。这样的庭院或天井里虽然往往也种植树木花草,但主要部分一般地都有砖石墁地,成为日常生活所常用的一种户外的空间,我们也可以说它是很好的"户外起居室"。

(三)这个体系以木材结构为它的主要结构方法。这就是说,房身部分是以木材做立柱和横梁,成为一副梁架。每一副梁架有两根立柱和两层以上的横梁。每两副梁架之间用枋、檩之类的横木把它们互相牵搭起来,就成了"间"的主要构架,以承托上面的重量。

两柱之间也常用墙壁,但墙壁并不负重,只是像"帏幕"一样,用以隔断内外,或分划内部空间而已。因此,门窗的位置和处理都极自由,由全部用墙壁至全部开门窗,乃至既没有墙壁也没有门窗(如凉亭),都不妨碍负重的问题;房顶或上层楼板的重量总是由柱承担的。这种框架结构的原则直到现代的钢筋混凝土构架或钢骨架的结构才被应用,而我们中国建筑在三千多年前就具备了这个优点,并且恰好为中国将来的新建筑在使用新的材料与技术的问题上具备了极有利的条件。

(四)斗拱:在一副梁架上,在立柱和横梁交接处,在柱头上加上一层层逐渐挑出的称作"拱"的弓形短木,两层拱之间用称作"斗"的斗形方木块垫着。这种用拱和斗综合构成的单位叫作"斗拱"。它是用以减少立柱和横梁交接处的剪力,以减少梁的折断之可能的。更早,它还是用以加固两条横木接榫的,先是用一个斗,上加一块略似拱形的"替木"。斗拱也可以由柱头挑出去承托上面其他结构,最显著的如屋檐,上层楼外的平坐(露台),屋子内部的楼井、栏杆等。斗拱的装饰性很早就被发现,不但在木构上得到了巨大的发展,并且在砖石建筑上也充分应用,它成为中国建筑中最显著的特征之一。

(五)举折、举架:梁架上的梁是多层的,上一层总比下一层短,两层之间的矮柱(或柁墩)总是逐渐加高的。这叫作"举架"。屋顶的坡度就随着这举架,由下段的檐部缓和的坡度逐步增高为近屋脊处的陡斜,成了缓和的弯曲面。

(六)屋顶在中国建筑中素来占着极其重要的位置。它的瓦面是弯曲的,已如上面所说。当屋顶是四面坡的时候,屋顶的四角也就是翘起的。它的壮丽的装饰性也很早就被发现而予以利用了。在其他体系建筑中,屋顶素来是不受重视的部分,除掉穹隆顶得到特别处理之外,一般坡顶都是草草处理,生硬无趣,甚至用女儿墙把它隐藏起来。但在中国,古代智慧的匠师们很早就发挥了屋顶部分的巨大的装饰性。在《诗经》里就有"如鸟斯革,如翚斯飞"的句子来歌颂像翼舒展的屋顶和出檐。《诗经》开了端,两汉以来许多诗词歌赋中就有更多叙述屋子顶部和它的各种装饰的辞句。这证明屋顶不但是几千年来广大人民所喜闻乐见的,并且是我们民族所最骄傲的成就。它的发展成为中国建筑中最主要的特征之一。

(七)大胆地用朱红作为大建筑物屋身的主要颜色,用在柱、门窗和墙壁上，并且用彩色绘画图案来装饰木构架的上部结构，如额枋、梁架、柱头和斗拱，无论外部内部都如此。在使用颜色上，中国建筑是世界各建筑体系中最大胆的。

（八）在木结构建筑中，所有构件交接的部分都大半露出，在它们外表形状上稍稍加工，使成为建筑本身的装饰部分。例如，梁头做成桃尖梁头或蚂蚱头；额枋出头做成"霸王拳"；昂的下端做成"昂嘴"，上端做成六分头或菊花头；将几层昂的上段固定在一起的横木做成"三福云"等等；或如整组的斗拱和门窗上的刻花图案、门环、角叶，乃至如屋脊、脊吻、瓦当等都属于这一类。它们都是结构部分，经过这样的加工而取得了高度装饰的效果。

（九）在建筑材料中，大量使用有色琉璃砖瓦，尽量利用各色油漆的装饰潜力。木上刻花，石面上做装饰浮雕，砖墙上也加雕刻。这些也都是中国建筑体系的特征。

这一切特点都有一定的风格和手法，为匠师们所遵守，为人民所承认，我们可以叫它作中国建筑的"文法"。建筑和语言文字一样，一个民族总是创造出他们世世代代所喜爱，因而沿用的惯例，成了法式。在西方，希腊、罗马体系创造了它们的"五种典范"，成为它们建筑的法式。中国建筑怎样砍割并组织木材成为梁架，成为斗拱，成为一"间"，成为个别建筑物的框架；怎样用举架的公式求得屋顶的曲面和曲线轮廓；怎样结束瓦顶；怎样求得台基、台阶、栏杆的比例；怎样切削生硬的结构部分，使同时成为柔和的、曲面的、图案型的装饰物;怎样布置并联系各种不同的个别建筑组成庭院:这都是我们建筑上二三千年沿用并发展下来的惯例法式。无论每种具体的实物怎样地千变万化,它们都遵循着那些法式。构件与构件之间,构件和它们的加工处理装饰,个别建筑物与个别建筑物之间,都有一定的处理方法和相互关系,所以我们说它是一种建筑上的"文法"。至如梁、柱、枋、檩、门、窗、墙、瓦、槛、阶、栏杆、槅扇、斗拱、正脊、垂脊、正吻、戗兽、正房、厢房、游廊、庭院、夹道等等,那就是我们建筑上的"词汇",是构成一座或一组建筑的不可少的构件和因素。

这种"文法"有一定的拘束性,但同时也有极大的运用的灵活性,能有多样性的表现。也如同做文章一样,在文法的拘束性之下,仍可以有许多体裁,有多样性的创作,如文章之有诗、词、歌、赋、论著、散文、小说等等。建筑的"文章"也可因不同的命题,有"大文章"或"小品"。"大文章"如宫殿、庙宇等等,"小品"如山亭、水榭、一轩、一楼。文字上有一面横额,一副对子,纯粹作点缀装饰用的。建筑也有类似的东西,如在路的尽头的一座影壁,或横跨街中心的几座牌楼,等等。它们之所以都是中国建筑,具有共同的中国建筑的特性和特色,就是因为它们都用中国建筑的"词汇",遵循着中国建筑的"文法"所组织起来的。运用这"文法"的规则,为了不同的需要,可以用极不相同的"词汇"构成极不相同的体形,表达极不相同的情感,解决极不相同的问题,创造极不相同的类型。

这种"词汇"和"文法"到底是什么呢?归根说来,它们是从世世代代的劳动人民在长期建筑活动的实践中所累积的经验中提炼出来，经过千百年的考验，而普遍地受到承认而遵守的规则和惯例。它是智慧的结晶，是劳动和创造成果的总结。它不是一人一时的创作，它是整个民族和地方的物质和精神条件下的产物。

由这"文法"和"词汇"组织而成的这种建筑形式，既经广大人民所接受，为他们所承认、所喜爱，于是原先虽是从木材结构产生的，它们很快地就越过材料的限制，同样地运用到砖石建筑上去，以表现那些建筑物的性质，表达所要表达的情感。这说明为什么在中国无数的建筑上都常常应用原来用在木材结构上的"词汇"和"文法"。这条发展的途径，中国建筑和欧洲希腊、罗马的古典建筑体系，乃至埃及和两河流域的建筑体系是完全一样的；所不同者，是那些体系很早就舍弃了木材而完全代以砖石为主要材料。在中国，则因很早就创造了先进的科学的梁架结构法，把它发展到高度的艺术和技艺水平，所以虽然也发展了砖石建筑，但木框架还同时被采用为主要结构方法。这样的框架实在为我们的新建筑的发展创造了无比的有利条件。

在这里，我打算提出一个各民族的建筑之间的"可译性"的问题。

如同语言和文学一样，为了同样的需要，为了解决同样的问题，乃至为了表达同样的情感，不同的民族，在不同的时代是可以各自用自己的"词汇"和"文法"来处理它们的。简单的如台基、栏杆、台阶等等，所要解决的问题基本上是相同的，但多少民族创造了多少形式不同的台基、栏杆和台阶。例如热河普陀拉①的一个窗子，就与无数文艺复兴时代的窗子"内容"完全相同，但是各用不同的"词汇"和"文法"，用自己的形式把这样一句"话""说"出来了。又如天坛皇穹宇与罗马的布拉曼特所设计的圆亭子②，虽然大小不同，基本上是同一体裁的"文章"。又如罗马的凯旋门与北京的琉璃牌楼，罗马的一些纪念柱与我们的华表，都是同一性质、同样处理的市容点缀。这许多例子说明，各民族各有自己不同的建筑手法，建造出来各种各类的建筑物，就如同不同的民族有用他们不同的文字所写出来的文学作品和通俗文章一样。

我们若想用我们自己建筑上优良传统来建造适合于今天我们新中国的建筑，我们就必须首先熟习自己建筑上的"文法"和"词汇"，否则我们是不可能写出一篇中国"文章"的。关于这方面深入一步的学习，我介绍同志们参考清《工部工程做法则例》和宋李明仲的《营造法式》。关于前书，前中国营造学社出版的《清式营造则例》可作为一部参考用书。关于后书，我们也可以从营造学社一些研究成果中得到参考的图版。

---

① 指承德普陀宗乘庙。热河省为中国旧时省份，省会承德。
② 疑指文艺复兴时期建筑师布拉曼特的"睡莲"凉亭，建造于罗马附近的杰那扎诺。

古建序论

——在考古工作人员训练班讲演记录①

《古建序论》主要的内容是"为什么和如何为广大的劳动人民保护祖国伟大灿烂的建筑遗产"。

我们人民的中国三年来的伟大成就，使资本主义国家已惊异不已，我们建设的力量是他们所不能想象的。有一次印度文化访问团的一位考古学家曾问我："目前中国的考古人员大概没有什么事情可做吧？"我回答他说："恰恰相反，现在我们正在各处建设，进行庞大的工程，如修铁路和兴水利工程，发现古坟古物的报告不断地来到，正亟待政府派专人去保管与整理，考古人员供不应求。从前的考古工作者孤独地在象牙塔里钻牛角尖，无人过问，也无人关心，现在的考古人员的工作是配合着全国人民文化的需要而推进着，并且迅速发展着。"这样事实的回答，使他恍然有所觉悟。毛主席早曾说过："随同经济建设的高潮，必将同时出现一个文化建设的高潮。"文化建设是紧追着经济建设而来的，如影随形。整理民族古代文化遗产是发展新义

---

① 此篇为林徽因根据梁思成演讲整理。

化的必要条件,在文化建设的前夕而急需考古人员,正说明这一点。考古工作本身就是文化建设的一部分。经济建设正在蓬勃发展的时候,文化建设不可能不也欣欣向荣,有了新生命。今天我们这样迫切地需要这方面的大量技术人员,已开始举办考古工作人员训练班,就证明我们文化的新生命的到来,这意义是非常重大的。

有一次,来北京的英国访问团中有一位建筑师,他就告诉我:他一到了北京,就看到天安门、端门、午门等文物建筑正在大事修理,这就使他具体地了解到中国人民政权的方向和力量。在英国他所听到的都是说中国共产党要摒弃本国的一切旧文化,到了中国他才知道事实正和这种宣传相反;在中国一切都在原有的基础上发展起来,中国人民珍视他们祖先的丰富的遗产。你们看!我们的初步的文化工作就在国际上起极大的作用,使全世界知道我们是爱好和平,并有高度文化的民族。就能证明我们新制度不但是符合于本国人民的利益,并且是符合全世界的和平人民的利益的,因为给人类带来幸福的就是和平与文化。

在讲为什么我们要保存过去时代里所创造的一些建筑物之前,先要明了:建筑是什么?

最简单地说,建筑就是人类盖的房子,为了解决他们生活上"住"的问题。那就是:解决他们安全食宿的地方,生产工作的地方和娱乐休息的地方。衣、食、住自古是相提并论的,因为它们都是人类生活最基本的需要。为了这需要,人类才不断和自然作斗争。自古以来,为了安定的起居,为了便利的生产,在劳

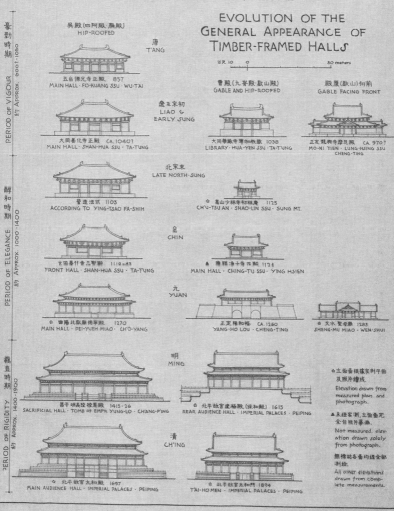

歷代木構殿堂外觀演變圖

EVOLUTION OF THE
GENERAL APPEARANCE OF
TIMBER-FRAMED HALLS

比例 10   0   30 meters

吳殿(四阿殿·廡殿)
HIP-ROOFED

唐
T'ANG

五台佛光寺正殿 857
MAIN HALL·FO-KUANG-SSU·WU-T'AI

廈殿(九脊殿·歇山殿)
GABLE AND HIP-ROOFED

殿廈(歇山)向前
GABLE FACING FRONT

遼及宋初
LIAO &
EARLY SUNG

大同善化寺正殿 CA.1040?
MAIN HALL·SHAN-HUA SSU·TA-TUNG

大同華嚴寺薄伽教藏 1038
LIBRARY·HUA-YEN SSU·TA-TUNG

正定龍興寺摩尼殿 CA.970?
MO-NI TIEN·LUNG-HSING SSU·
CHENG-TING

北宋末
LATE NORTH-SUNG

營造法式 1103
ACCORDING TO YING-TSAO FA-SHIH

嵩山少林寺初祖庵 1125
CH'U-TSU AN·SHAO-LIN SSU·SUNG MT.

金
CHIN

大同善化寺三聖殿 1118-43
FRONT HALL·SHAN-HUA SSU·TA-TUNG

應縣淨土寺大殿 1124
MAIN HALL·CHING-TU SSU·YING HSIEN

元
YUAN

曲陽北嶽廟德寧殿 1270
MAIN HALL·PEI-YUEH MIAO·CH'Ü-YANG

正定陽和樓 CA.1260
YANG-HO LOU·CHENG-TING

文水聖母殿 1283
SHENG-MU MIAO·WEN-SHUI

明
MING

昌平明長陵祾恩殿 1415-26
SACRIFICIAL HALL·TOMB OF EMP'R YUNG-LO·CH'ANG-P'ING

北平故宮欽安殿(保和殿) 1615
REAR AUDIENCE HALL·IMPERIAL PALACES·PEIPING

清
CH'ING

北平故宮太和殿 1697
MAIN AUDIENCE HALL·IMPERIAL PALACES·PEIPING

北平故宮太和門 1894
T'AI-HO MEN·IMPERIAL PALACES·PEIPING

☆立面畫根據實測平面及照片繪成。
Elevation drawn from
measured plan and
photograph.

▲未經實測,立面畫完全
依據照片畫。
Not measured, elev-
ation drawn solely
from photograph.

無標誌各畫均經全部
測繪。
All other elevations
drawn from comp-
lete measurements.

豪勁時期
PERIOD OF VIGOUR
約 APPROX. 600?-1050

醇和時期
PERIOD OF ELEGANCE
約 APPROX. 1000-1400

羈直時期
PERIOD OF RIGIDITY
約 APPROX. 1400-1900

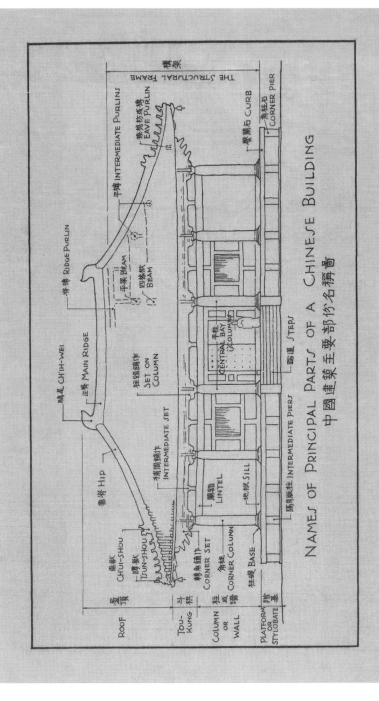

NAMES OF PRINCIPAL PARTS OF A CHINESE BUILDING
中國建築主要部份名稱圖

动创造中人们就也创造了房子。在文化高度发展的时代,要进行大规模的经济建设和文化建设,或加强国防,我们仍然都要先建筑很多为那些建设使用的房屋,然后才能进行其他工作。我们今天称它为"基本建设",这个名称就恰当地表示房屋的性质是一切建设的最基本的部分。

人类在劳动中不断创造新的经验,新的成果,由文明曙光时代开始,在建筑方面的努力和其他生产的技术的发展总是平行并进的和互相影响的。人们积累了数千年建造的经验,不断地在实践中,把建筑的技能和艺术提高,例如,了解木材的性能、泥土沙石在化学方面的变化,在思想方面的丰富和对造形艺术方面的熟练,因而形成一种最高度综合性的创造。古文献记载:"上古穴居野处,后世圣人易之以宫室,上栋下宇,以蔽风雨。"①从穴居到木构的建筑就是经过长期的努力,增加了经验,丰富了知识而来。所以:

(一)建筑是人类在生产活动中克服自然、改变自然的斗争的记录。这个建筑活动就必定包括人类掌握自然规律、发展自然科学的过程。在建造各种类型的房屋的实践中,人类认识了各种木材、石头、泥沙的性能,那就是这些材料在一定的结构情形下的物理规律,这样就掌握了最原始的材料力学。知道在什么位置上使用多大或多小的材料,怎样去处理它们间的互相联系,就掌握了最简单的土木工程学。其次,人们又发现了某一些天然材料——特别是泥土与石沙等——在一定的条件下的化学

_____

① 《周易·系辞》中,此句作"上古穴居而野处……以待风雨"。

规律，如经过水搅、火烧等，因此很早就发明了最基本的人工的建筑材料，如砖，如石灰，如灰浆等。发展到了近代，便包括了今天的玻璃、五金、洋灰、钢筋和人造木等等，发展了化工的建筑材料工业。所以建筑工程学也就是自然科学的一个部门。

（二）建筑又是艺术创造。人类对他们所使用的生产工具、衣服、器皿、武器等，从石器时代的遗物中我们就可看出，在这些实用器物的实用要求之外，总要有某种加工，以满足美的要求，也就是文化的要求。在住屋也是一样。从古至今，人类在住屋上总是或多或少地下过功夫，以求造形上的美观。例如，自有史以来无数的民族，在不同的地方，不同的时代，同时在建筑艺术上，是继续不断地各自努力，从没有停止过的。

（三）建筑活动也反映当时的社会生活和当时的政治经济制度，如宫殿、庙宇、民居、仓库、城墙、堡垒、作坊、农舍，有的是直接为生产服务，有的是被统治阶级利用以巩固政权，有的被他们独占享受。如古代的奴隶主可以奴役数万人为他建筑高大的建筑物以显示他的威权，坚固的防御建筑以保护他的财产。古代的高坛、大台、陵墓都属于这种性质。在早期封建社会时代，如吴王夫差"高其台榭以鸣得意"，或晋平公"铜鞮之宫数里"，汉初刘邦做了皇帝，萧何营未央宫，就明明白白地说："天子以四海为家，非令壮丽无以重威。"从这些例子就可以反映出当时的封建霸主剥削人民的财富，奴役人民的劳力，以增加他的威风的情形。在封建时代，建筑的精华是集中在宫殿建筑和宗教建筑等等上，它是为统治阶级所利用以作为压迫人民的工具的；而在新民主主义和社会主义的人民政权时代,建筑就是为维护广大人民群众的利益和美好的生活而服务了。

(四)不同的民族的衣食、工具、器物、家具,都有不同的民族性格或民族特征。数千年来,每一民族,每一时代,在一定的自然环境和社会环境中,积累了世代的经验,都创造出自己的形式,各有其特征,建筑也是一样的。在器物等等方面,人们在科学方面采用了他们当时当地认为最方便最合用的材料,根据他们所能掌握的方法加以合理的处理成为习惯的手法,同时又在艺术方面加工做出他们认为最美观的纹样、体形和颜色,因而形成了普遍于一个地区一个民族的典型的范例,就成了那民族在工艺上的特征,成为那民族的民族形式。建筑也是一样。每个民族虽然在各个不同的时代里,所创造出的器物和建筑都不一样,但在同一个民族里,每个时代的特征总是一部分继续着前个时代的特征,另一部分发展着新生的方向,虽有变化而总是继承许多传统的特质,所以无论是哪一种工艺,包括建筑,不论属于什么时代,总是有它的一贯的民族精神的。

(五)建筑是人类一切造形创造中最庞大、最复杂,也最耐久的一类,所以它所代表的民族思想和艺术,更显著、更多面,也更重要。

从体积上看,人类创造的东西没有比建筑在体积上更大的了。古代的大工程,如秦始皇时所建的阿房宫,"前殿阿房,东西五百步,南北五十丈,上可以坐万人,下可以建五丈旗"。记载数字虽不完全可靠,体积的庞大必无可疑。又如埃及金字塔高四百八十九英尺,屹立沙漠中遥远可见。我们祖国的万里长城绵亘二千三百余公里,在地球上大约是一件最显著的东西。

从数量上说,有人的地方就必会有建筑物。人类聚居密度愈大的地方,建筑就愈多,它的类型也愈多变化,合起来就成为城市。世界上没有其他东西改变自然的面貌如建筑这么厉害。在这大数量的建筑物上所表现的历史艺术意义方面最多也就最为丰富。

从耐久性上说,建筑因是建造在土地上的,体积大,要承托很大的重量,建造起来不是易事,能将它建造起来总是付出很大的劳动力和物资财力的。所以一旦建筑成功,人们就不愿轻易移动或拆除它,因此被使用的期限总是尽可能地延长。能抵御自然侵蚀,又不受人为破坏的建筑物,便能长久地被保存下来,成为罕贵的历史文物,成为各时代劳动人民创造力量、创造技术的真实证据。

(六)从建筑上可以反映建造它的时代和地方的多方面的生活状况,政治和经济制度。在文化方面,建筑也有最高度的代表性。例如封建时期各国的巍峨的宫殿,坚强的堡垒,不同程度的资本主义社会里的拥挤的工业区和紊乱的商业街市。中国过去的半殖民地半封建时期的通商口岸,充满西式的租界街市和半西不中的中国买办势力地区内的各种建筑,都反映着当时的经济政治情况,也是显示帝国主义文化入侵中国的最真切的证据。

以上六点,不但说明建筑是什么,同时也说明了它是各民族文化的一种重要的代表。从考古方面考虑各时代建筑这问题时,实物得到保存,就是各时代所产生过的文化证据之得到保存。

可是我们的考古工作者不能不认识各种建筑的特征,尤其是中国建筑的特征,因为我们今天的考古还是为创造服务的。苏联建筑专家说:没有历史就没有理论,没有理论我们无法指导我们的新创造。中国建筑的特征是什么? 中国建筑体系是中华民族数千年来世代经验的累积所创造的,这个体系分布到很广大的地区,西起葱岭,东至日本、朝鲜,南至越南、缅甸,北至黑龙江,包括蒙古人民共和国的区域在内。这些地区内的建筑和中国中心内的建筑,或是同属于一个体系,或是稍有差异,如弟兄之同属于一家的关系。

至迟在公元前 1400 年左右,中国建筑体系就已经肯定地形成了,它的基本特征一直保留到了最近代。那就是:

(一)每一座个别的中国房屋都有三个主要部分:底下的砖造石造的台基,中间木构为主的房身,和两坡或四坡很舒展的屋顶。由多座这种的房屋围绕起来成一庭院,由很简单的农民住宅到极大的皇宫寺庙,都是如此。

(二)这个体系始终是以木材结构为主。房身这部分是以木材做立柱和横梁,成一副梁架,每一副梁架有两立柱和两层以上的横梁,每两副梁架之间用所谓"枋"和"桁"(或称檩子)的横木把它们互相牵联,就成了一"间"房子的主要构架。

两柱间如用墙壁并不负重,也只是像"帷幕"一样用以隔断内外,或分划内部空间而已。所留门窗位置极为自由,由全部用墙壁,至全部用门窗都不妨碍负重问题;而房顶的重量总是全由立柱承担。

(三)在一副梁架上,在立柱和横梁的交叉处,在柱头上,加上一层层逐渐挑出称作"拱"的短木料,中间用称作"斗"的小木块垫着。柱头上这样的一种结构称作"斗拱",它是用以减少立柱和横梁交接处的"剪力",减轻梁折断的可能。同时这种斗拱可以由柱头虚挑出去承托上面其他的结构,最显著的如屋子外面的前檐,上层楼外的廊子,屋子内部的楼井栏杆等。

(四)梁架上的梁是多层的,上一层总比下一层短,两层中间小立柱总是逐层加高的,这称作"举架"。外面屋瓦的坡度就随着这举架由下部的平舒到近屋脊处的陡斜,成了和缓的曲线面。

(五)大胆地用朱红作为大建筑物立柱的主要颜色,并用彩色绘画图案来装饰木构架的上部结构,如额枋、柱头和斗拱,不限内外都如此。

(六)所有结构部分的交接之处,大半露出,在它外表的形状上稍稍加工,成为建筑本身的装饰部分。如梁头之成为蚂蚱头、麻叶头等和雀替之种种式样,或如屋脊、脊吻,或整组斗拱本身和窗门上的刻花图案都属于这一类。它们都是结构部分,而有极高的装饰效果的。

(七)建筑材料中的有色琉璃的砖瓦,除木上刻花和石面做浮雕之外,还在清水砖上加雕刻,也都是中国体系建筑的特征。

　　这一切特点我们可以叫它作建筑的"文法"。建筑和语言文字一样,一个民族总创造出他们所沿用的惯例成了法则。中国建筑如何组织木材成了梁架,成了斗拱,成了一个"开间",成了一座独立建筑物的构架,如何用举架的比例求得屋顶的曲线轮廓,如何结束瓦顶,如何切削生硬的部分使成柔和的、曲面的、图案型的装饰物,都是我们建筑上一千几百年沿用下来的惯例原则,无论每种具体的实物怎样地千变万化,它们都遵循那种法则的范畴,有一定的方法和相互的关系,所以我们说它是一种建筑上的"文法"。至于梁、柱、枋、檩、门、窗、墙、瓦、槛、阶、栏杆、楣扇、斗拱、瓦饰、正房、厢廊、庭院、夹道,那就都是我们建筑上的"词汇",是构成一组中国建筑的不可少的细部和因素。这种"文法"是从累积的实践的经验中总结出来的,提炼出来的,有一定的拘束性,但在其范围中又有极大的运用的自由。也如同做文章可有许多体裁,如诗、词、歌、赋、散文、小说等等。建筑上也可有"小品",如亭榭、小园,也可以有"大文章",如宫殿、庙宇。但只要它们是中国的建筑,它们就必是遵守着一定的中国建筑"文法"的。运用这方法的规则,为了极不相同的需要表现绝不相同的体形和情感,也解决不相同的问题。这种"文法"是劳动人民在长期经验中产生出来而普遍遵守的法则和惯例,它是智慧的结晶和胜利果实的总结。它不是一时一人的创造,它是民族和地方的物质和精神条件下的产物。

　　其次,我们要了解中国建筑有哪一些类型。

（一）民居和象征政权的大建筑群，如衙署、府邸、宫殿，这些基本上是同一类型，只有大小繁简之分。应该注意的是，它们历史和艺术的价值绝不在其大小繁简，而是在它们的年代、材料和做法上。

（二）宗教建筑。本来佛教初来的时候，隋、唐都有"舍宅为寺"的风气，各种寺院和衙署、府第没有大分别，但积渐有了宗教上的需要和僧侣生活上的需要，而产生各种佛教寺院内的部署和体形，内中以佛塔为最突出。其他如道观、回教的清真寺和基督教的礼拜堂等，都各有它们的典型特征和个别变化，不但反映历史上种种事实，应予以注意，且有高度艺术上成就，有永久保存的价值。例如，各处充满雕刻和壁画的石窟寺，就有极高的艺术价值，又如前据报告，中国仅存的一个景教的景堂，就有极高的历史价值。此外中国无数的宝塔都是我们艺术的珍物。

（三）园林及其中附属建筑。园林的布局曲折上下，有山有水，衬以适当的怡神养性、感召精神的美丽建筑，是中国劳动人民所创造的辉煌艺术之一。北京城内的北海，城郊的颐和园、玉泉山、香山等原来的宫苑，和长江以南苏州、无锡、杭州各地过去的私家园林，都是艺术杰作，有无比的历史和艺术价值。

（四）桥梁和水利工程。我国过去的劳动人民有极丰富的造桥经验，著名的赵州大石桥和卢沟桥等是人人都知道的伟大工程，而且也是艺术杰作。西南诸省有许多铁索桥，还有竹索桥，此外全国各地布满了大大小小的木桥和石桥，建造方法各个不同。在水利工程方面，如四川灌县的都江堰，云南昆明的松花坝,都是令人叹服的古代工程。在桥和坝两方面,国内的实物就有很多是表现出我国劳动人民伟大的智慧,有极高的文物价值的。

(五)陵墓。历代封建帝王和贵族所建造的坟墓都是规模宏大,内中用很坚固的工程和很丰富的装饰的。它们也反映出那时代的工艺美术和工程技术的种种方面,所以也是重要的历史文物和艺术特征的参考资料。墓外前面大多有附属的点缀,如华表、祭堂、小祠、石阙等。著名的如山东嘉祥的武梁石祠,四川渠县和绵阳、河南嵩山、西康雅安等地方都有不少石阙,寻常称"汉阙",是在建筑上有高度艺术性的石造建筑物。并且上面还包含一些浮雕石刻,是当时的重要艺术表现。四川有许多地方有汉代遗留下来的崖墓,立在崖边,墓口如石窟寺的洞口,内部有些石刻的建筑部分,如有斗拱的石柱等,也是研究古代建筑的难得资料。

(六)防御工程。防御工程的目的在于防御,所以工程非常硕大坚固,自成一种类型,有它的特殊的雄劲的风格。如我们的万里长城,高低起伏地延伸二千三百余公里,它绝不是一堆无意义的砖石,而是过去人类一种伟大的创作,有高度的工程造诣,有它的特殊严肃的艺术性的,无论近代的什么人见到它,都不可能不肃然起敬,就证明这一点了。如北京、西安的城,都有重大历史意义,也都是伟人的艺术创作。在它们浑朴雄厚的城墙之上,巍然高峙的宏大城楼,它们是全城风光所系的突出点,在它们近处望它能引起无限美感,使人们发生对过去劳动人民的热爱和景仰,产生极大的精神作用。

（七）市街点缀。中国的城市的街道上有许多美化那个地区的装饰性的建筑物,如钟楼、鼓楼,各种牌坊、街楼,大建筑物前面的辕门和影壁等。这些建筑物本来都是朴实的有用的类型,但却被封建时代的意识所采用:为迷信的因素服务,也为反动的道德标准如贞节观念、光荣门第等观念服务,但在原来用途上,如牌坊就本是各民坊人口的标识,辕门也是一个区域的界线,钟楼、鼓楼虽为了警告时间,但常常是市中心标识,所以都是需要艺术的塑型的。在中国各城市中这些建筑物多半发展出高度艺术性的形象,成了街市中美丽的点缀,为了它们的艺术价值,这些建筑物是应保存与慎重处理的。

（八）建筑的附属艺术,如壁画、彩画、雕刻、华表、狮子、石碑、宗教道具等等,往往是和建筑分不开的。在记录或保管某个建筑物时,都要适当地注意到它的周围这些附属艺术品的地位和价值。有时它们只是历史资料,但有很多例子,它们本身都是艺术精品。

（九）城市的总体形和总布局。中国城市常是极有计划的城市,按照地形和历史的条件灵活地处理。街道的分布,大建筑物的耸立与衬托,市楼、公共场所、桥头、市中心和湖沼、堤岸,等等,常常是雄伟壮丽富于艺术性的安排,所做成的景物气氛给人以难忘的印象。在注意建筑文物的同时,也应该注意到有计划的或有意识的,城市布局的方面,摄影、测绘以示它的特点的。尤其是今天中国的城市都在发展中,原有的优良秩序基础做成某一城某一市的特殊风格的,都应特别重视,以配合新的发展方向。

单单认识祖国各种建筑的类型,每种或每个地去欣赏它的艺术,估计它的历史价值,是不够的。考古工作者既有保管和研究文物建筑的任务,他们就必须先有一个建筑发展史的最低限度的知识。中国体系的建筑是怎样发展起来的呢?它是随着中国社会的发展而发展的。它是以各时代的一定的社会经济作基础的,既和当时的社会的生产力和生产关系分不开,也和当时占统治地位的世界观,也就是当时的人所接受所承认的思想意识分不开的。

试就中国历史的几个主要阶段和它当时的建筑提出来讲讲。例如,(一)商殷周到春秋战国;(二)秦汉到三国;(三)晋魏六朝;(四)隋唐到五代、辽;(五)宋到金元;(六)明清两朝。

第一阶段:商殷周春秋战国。商殷是奴隶社会时代,周初到春秋战国虽然已经有封建社会制度的特征,但基本上奴隶制度仍然存在,农奴和俘虏仍然是封建主的奴隶。奴隶主和封建初期的王侯都拥有一切财富,他们的财产包括为他们劳动的人民——奴隶和俘虏。什么帝、什么王都迫使这些人民为他们建造他们所需要的建筑物。他们所需要的建筑是怎样的呢?多半是利用很多奴隶的劳动力筑起有庞大体积的建筑物。例如,因为他们要利用鬼神来迷惑为他们服劳役的人民,所以就要筑起祭祀用的神坛;因为他们时常出去狩猎,就要建造登高远望的高台;他们生前要给自己特别尊贵高大的房子,所谓"治宫室"以显示他们的统治地位,死后一定要极为奢侈坚固的地窖,所谓"造陵墓"好保存他们的尸体,并且把生前的许多财物也陪葬在里面,满足他们死后仍能占有财产的观念;他们需要防御和他们敌对的民族或部落,他们就需要防御的堡垒、城垣和烽火台。虽然在殷的时代宫殿的结构还是很简单的,但比起更简单而原始的穴居时代和初有木构的时代当然已有了极大的进步。到了周初,建筑工程的技术又进了一步。《诗经》上描写周初召来"司空""司徒"证明也有了管工程的人,有了某种工程上的组织来进行建筑活动,所谓"营国筑室"也就是有计划地来建造一种城市。所谓"作庙翼翼",立"皋门""应门"等等,显然是对建筑物的结构、形状、类型和位置,都做了艺术性的处理。

到了春秋和战国时期,不但生产力提高,同时生产关系又有了若干转变。那时已有小农商贾,从事工艺的匠人也不全是以奴隶身份来工作的,一部分人民都从事各种手工业生产,墨子就是一个。又如记载上说"公输子之巧",传说鲁班是木工中最巧的匠人,还可以证明当时个别熟练匠人虽仍是被剥削的劳动人民,但却因为他的"巧"而被一般人民重视的。在建筑上七国的燕、赵、楚、秦的封建主都是很奢侈的。所谓"高台榭""美宫室"的作风都很盛。依据记载,有人看见秦的宫室之后说:"使鬼为之,则劳神矣,使人为之,亦苦民矣。"这样的话,我们可以推断当时建筑技术必是比以前更进步的,同时仍然是要用许多人工的。

第二阶段:秦汉到三国。秦统一中国,秦始皇的建筑活动常见于记载,是很突出的,并且规模都极大,如筑长城、铺驰道等。他还摹仿各处不同的宫殿,造在咸阳北坡上,先有宫室一百多处,还嫌不足,又建有名的阿房宫。宫的前殿据说是"东西五百步,南北五十丈,上可坐万人,下可立五丈旗①",当然规模宏大。秦始皇还使工匠们造他的庞大而复杂的坟墓。在工程和建筑艺术方面,人民为了这些建筑物发挥智慧,必定又创造了许多新的经验。但统治者的剥削享乐和豪强兼并,土地集中在少数人手中,引起农民大反抗。秦末汉初,农民纷纷起义,项羽打到咸阳时,就放火烧掉秦宫殿,火三月不灭。在建筑上,人民的财富和技术的精华常常被认为是代表统治者的贪心和残酷的东西,在斗争中被毁灭了去,项羽烧秦宫室便是个最早、最典型的例子。

汉初,刘邦取得胜利又统一了中国之后,仍然用封建制度,自居于统治地位。他的子孙一代代由西汉到东汉又都是很奢侈的帝王,不断为自己建造宫殿和离宫别馆。据汉史记载:汉都长安城中的大宫,就有有名的未央宫、长乐宫、建章宫、北宫、桂宫和明光宫等,都是庞大无比的建造。在两汉文学作品中更有许多关于建筑的描写,歌颂当时的建筑上的艺术和它们华丽丰富的形象的,例如有名的《鲁灵光殿赋》《两都赋》《两京赋》等等。在实物上,今天还存在着汉墓前面的所谓石阙、石祠,在祠坛上有石刻壁画(在四川、山东和河南省都有),还有在悬立的石崖上凿出的崖墓。此外还有殉葬用的明器(它们中很多是陶制的

———————

① 此句在杜牧《阿房宫赋》中原文为:"上可以坐万人,下可以建五丈旗。"

各种房屋模型)和墓中有花纹图案的大空心砖块和砖柱。所以对于汉代建筑的真实形象和细部手法,我们在今天还可以看出一个梗概来。汉代的工商业兴盛,人口增加,又开拓疆土,向外贸易,发展了灿烂的早期封建文化;大都市布满全国,只是因为皇帝、贵族、官僚、地主、商人和豪强都一齐向农民和手工业工人进行剥削和超经济的暴力压榨。汉末,经过长时期的破坏,饥民起义和军阀割据的互相残杀到了可怕的程度,最富庶的地方都遭到剧烈的破坏,两京周围几百里彻底地被毁灭了,黄河人口集中的地区竟是"千里无人烟"或到了"人相食"的地步。汉建筑的精华和全面的形象所达到的水平,绝不是今天这一点剩余的实物所能够代表的。我们所了解的汉代建筑,仍然是极少的。

由三国或晋初的遗物上看来,汉末已成熟的文化艺术虽经浩劫,一些主要传统和特征仍然延续留传下来。所谓三国,在地区上除却魏在华北外,中国文化中心已分布在东南沿长江的吴和在西南四川山岳地带盆地中的蜀,汉代建筑和各种工艺是在很不同的情形下得到保存或发展的。长安、洛阳两都的原有精华,却是被破坏无遗。但在战争中,人民虽已穷困,统治者匆匆忙忙地却还不时兴工建造一些台榭取乐,曹操的铜雀台就是有名的例子。在艺术上,三国时代基本上还是汉风的尾声。

第三阶段:晋魏六朝。汉的文化艺术经过大劫延续到了晋初,因为逐渐有由西域进入的外来影响,艺术作风上产生了很多新的因素。在成熟的汉的手法上,发展了比较和缓而极丰富的变化。但是到了北魏,经过中间五胡乱华的一个大混乱时期,北方外来民族侵入中原,占据统治地位,并且带来大量的和中国文化不同体系的艺术影响,中国的工艺和建筑活动便突然起了更大的变化。石虎和赫连勃勃两个北方民族的统治者进入中国之后,都大建宫殿,这些建筑只见于文献记载,没有实物作证,形式手法到底如何,不得而知。我们可以推想,木构的建筑变化很小,当时的技术工人基本是汉族人民,但用石料刻莲花建浴室等,有很多是外来影响。北魏的统治者是鲜卑族,建都在大同时凿了云冈的大石窟寺,最初式样曾倚赖西域僧人,所以由刻像到花纹都带着浓重的西域和印度的手法情调。迁都到了洛阳之后,又造龙门石窟。时中国匠人对于雕刻佛像和佛教故事已很熟练,艺术风格就是在中国的原有艺术上吸取了外来影响,尝试了自己的创造。虽然题材仍然是外来的佛教,而在表现手法上却有强烈的中国传统艺术的气息和作风。建筑活动到了这时期,除却帝王的宫殿之外,最主要的主题是宗教建筑物。如寺院、庙宇、石窟寺或摩崖造像、木塔、砖塔、石塔等等,都有许多杰出的新创造。希腊、波斯艺术在印度所产生的影响,又由佛教传到中国来。在木构建筑物方面,外国影响始终不大,只在原有结构上或平面布局上加以某些变革来解决佛教所需要的内容。最显明的例子就是塔。当时的塔基本上是汉代的"重屋",也就是多层的小楼阁,上面加了佛教的象征物,如塔顶上的"覆钵"和"相轮"(这个部分在塔尖上称作"刹",就是个缩小的印度的墓塔,中国译音的名称是"窣堵坡"或"塔婆")。除了塔之外,当时的寺院根本和其他非宗教的中国院落和殿堂建筑没有分别,只是内部的作用改变了性质,因是为佛教服务的,所以凡是艺术装饰和壁画等,主要都是传达宗教思想的题材。那时劳动人民渗入自己虔诚的宗教热情,创造了活跃而辉煌的艺术。这时期里,比木构耐久的石造和砖造的建筑和雕刻,保存到今天的还很多,都是今天国内最可贵的文物,它们主要代表雕刻,但附带也有表现当时建筑的。如敦煌、云冈、龙门、南北响堂山、天龙山等著名的石窟,和与它们同时的个别小型的"造像石"。还有独立的建筑物,如嵩山嵩狱寺砖塔和山东济南郊外的四门塔。当时的木构建筑,因种种不利的条件,没有保存到现在的。南朝佛教的精华,大多数是木构的,但现时也没有一个存在的实物,现时所见只有陵墓前的石刻华表和狮子等。南北朝时期中木构建筑只有一座木塔,在文献中描写得极为仔细,那就是著名的北魏洛阳"胡太后木塔"。这篇写实的记载给了我们很多可贵的很具体的资料,供我们参考,且可以和隋唐以后的木构及塔型作比较的。

第四阶段:隋唐五代辽。在南北朝割据的局势不断的战争之后,隋又统一中国,土地的重新分配提高了生产力,所以在唐中叶之前,称为太平盛世。当时统治阶级充分利用宗教力量来帮助他们统治人民,所以极力提倡佛教,而人民在痛苦之中,依赖佛教超度来生的幻想来排除痛苦,也极需要宗教的安慰,所以佛教愈盛行,则建寺造塔,到处是宗教建筑的活动。同时,为统治阶级所喜欢的道教的势力，也因为得到封建主的支持，而活跃起来。金碧辉煌的佛堂和道观布满了中国，当时的工匠都将热情和力量投入许多艺术创造中，如绘画、雕刻、丝织品、金银器物等等。建筑艺术在那时是达到高度的完美。由于文化的兴盛，又由于宗教建筑物普遍于各地，熟练工匠的数目增加，传播给徒弟的机会也多起来。建筑上各部做法和所累积和修正的经验，积渐总结，成为制度，凝固下来。唐代建筑物在塑型上，在细部的处理上，在装饰纹样上，在木刻石刻的手法上，在取得外轮线的柔和或稳定的效果上，都已有极谨严、极美妙的方法，成为那时代的特征。五代和辽的实物基本上是承继唐代所凝固的风格及做法，就是宋初的大建筑和唐末的作风也仍然非常接近。毫无疑问地，唐中叶以前，中国建筑艺术达到了一个艺术高峰，在以后的宋、元、明、清几次的封建文化高潮时期，都没有能再和它相比的。追究起来，最大原因是当时来自人民的宗教艺术多样性的创造，正发扬到灿烂的顶点，封建统治阶级只是夺取这些艺术活力为他们的政权和宫廷享乐生活服务，用庞大的政治经济实力支持它，庞大宫殿、苑囿、离宫、别馆都是劳动人民所创造。一直到了人民又被压榨得饥寒交迫，穷困不堪，而统治者腐化昏庸，贪欲无穷，经济军事实力已不能维持自己政权。边区的其他政权和外族侵略威胁愈来愈厉害的时期，农民的起义和反抗愈剧烈，劳动人民对于建筑艺术才绝无创造的兴趣。这样时期，对统治者的建造都只是被迫着供驱役，赖着熟练技术工人维持着传统手法而已。政权中心的都城长安城中，繁荣和破坏力量恰是两个极端。但一直到唐末，全国各处对于宗教建筑的态度，却始终不同。人民被宗教的幻想幸福所欺骗，仍然不失掉自己的热心，艺术的精心作品仍时常在寺院、佛塔、佛像、雕刻上表现出来。

第五阶段：宋、金、元。宋初的建筑也是五代唐末的格式，同辽的建筑也无大区别。但到了公元 1000 年（宋真宗）前后，因为在运河经疏浚后和江南通航，工商业大大发展，宋都汴梁（今开封）公私建造都极旺盛，建筑匠人的创造力又发挥起来，手法开始倾向细致柔美，对于建筑物每单位的塑型更敏感、更注意了。各种的阁、各种的楼都极窈窕多姿，作为北宋首都和文化中心的汴梁，是介于南北两种不同的建筑倾向的中间，同时受到南方的秀丽和北方的壮硕风格的影响。这时期宋都的建筑式样，可以说或多或少的是南北作风的结合，并且也起了为南北两系作媒介的作用。汴京当时多用重楼飞阁一类的组合，如《东京梦华录》中所描写的樊楼等。宫中游宴的后苑中，藏书楼阁每代都有建造，寺观中华美的楼阁也占极重要的位置，它们大略的风格和姿态，我们还能从许多宋画中见到，最写实的有《黄鹤楼图》《滕王阁图》《金明池图》等等。日本的镰仓时期的建筑，也很受我们宋代这时期建筑的影响。有一主要特征，就是歇山山花间前的抱厦，这格式宋以后除了金、元有几个例子外，几乎不见了，当时却是普遍的作风。今天北京故宫紫禁城的角楼，就是这种式样的遗风。北宋之后，文化中心南移，南京的建筑，一方面受到北宋官式制度的影响，一方面又有南方自然环境材料的因素和手法与传统的一定条件,所发展出的建筑,又另有它的特征,和北宋的建筑不很相同了。在气魄方面失去唐全盛时的雄伟,但在绮丽和美好的加工方面,宋代有极大贡献。

金、元都是外族入侵而在中国统治中国人民的时代,因为金的女真族和元的蒙古族当时都是比中国文化落后许多的游牧民族,对于中国人民是以俘虏和奴隶来对待的。就是对于技术匠人的重视,也是以掠夺来的战利品看待他们,驱役他们给统治者工作。并且金、元的建设都是在经过一个破坏时期之后,在那情形下,工艺水平降低很多,始终不能恢复到宋全盛时期的水平。金的建筑在外表形式上或仿汴梁宫殿,或仿南宋纤细作风,不一定尊重传统,常常窜改结构上的组合,反而放弃宋代原来较简单合理和优美的做法,而增加繁琐无用的部分。我们可以由金代的殿堂实物上看出它们许多不如宋代的地方。据南宋人记录,金中都的宫殿是"穷极工巧",但"制度不经",意思就是说金的统治者在建造上是尽量浪费奢侈,但制度形式不遵循传统,相当混乱。但金人自己没有高度文化传统,一切接受汉族制度,当时金的"中都"的规模就是摹仿北宋汴梁,因此保存了宋的宫城布局的许多特点。这种格式可由元代承继下来传到明清,一直保存到今天。

元的统治时期,中国版图空前扩大,跨着欧亚两洲,大陆上的交通,使中国和欧洲有若干文化上的交流。但是蒙古的统治者剥削人民财富,征税极为苛刻,对汉族又特别压迫和奴役,经济力是衰疲的,只有江浙的工商业情形稍好。人民虽然困苦不堪,宫殿建筑和宗教建筑(当时以喇嘛教为主)仍然很庞大。当时陆路和海路常有外族的人才来到中国,在建筑上也曾有一些阿拉伯、波斯或西藏等族的影响,如在忽必烈的宫中引水作喷泉,又在砖造的建筑上用彩色的琉璃砖瓦等。在元代的遗物中,最辉煌的实例,就是北京内城有计划的布局规模,它是总结了历代都城的优良传统,参考了中国古代帝都规模,又按照北京的特殊地形、水利的实际情况而设计的。今天它已是祖国最可骄傲的一个美丽壮伟的城市格局。元的木构建筑,经过明清两代建设之后,实物保存到今天的,国内还有若干处,但北京城内只有可怀疑的与已毁坏而无条件重修的一两处,所以元代原物已是很可贵的研究资料。从我们所见到的几座实物看来,它们在手法上还有许多是宋代遗制,经过金朝的变革的具体例子,如工字殿和山花向前的作风等。

第六阶段:明、清。明代推翻元的统治政权,是民族复兴的强烈力量。最初朱元璋首都设在南京,派人将北京元故宫毁去,元代建筑的精华因此损失殆尽;在南京征发全国工匠二十余万人建造宫殿,规模很宏壮,并且特别强调中国原有的宗教礼节,如天子的郊祀(祭天地和五谷的神),所以对坛庙制度很认真。四十年后,朱棣(明永乐)迁回北京建都,又在元大都城的基础上重新建设。今天北京的故宫大体是明初的建设。虽然绝大部分的个别殿堂都由清代重建了,明原物还剩了几个完整的组群和个别的大殿几座。社稷坛、大庙(即现在的中山公园、劳动人民文化宫)和天坛,都是明代首创的宏丽的大建筑组群,尤其是天坛的规模和体形是个杰作。明初民气旺盛,是封建经济复兴时期,汉族匠工由半奴隶的情况下改善了,成为手工业技术匠师,工人的创造力大大提高,工商业的进步超越过去任何时期。在建筑上,表现在气魄庄严的大建筑组群上,应用壮硕的好木料和认真的工程手艺。工艺的精确端整是明的特征。明代墙垣都用临清砖,重要建筑都用楠木柱子,木工石刻都精确不苟,结构都交代得完整妥帖,外表造形朴实壮大而较清代的柔和。梁架用料比宋式规定大得多,瓦坡比宋斜陡,但宋代以来,缓和弧线有一些仍被采用在个别建筑上,如角柱的升高一点使瓦檐四角微微翘起,或如柱头的"卷杀"①,使柱子轮廓柔和许多等等的造法和处理。但在金以后,最显著的一个转变就是除在结构方面有承托负重的作用外,还强调斗拱在装饰方面的作用,在前檐两柱之间把它们增多,每个斗拱同建筑物的比例也缩小了,成为前檐一横列的装饰物。明清的斗拱都是密集的小型,不像辽金宋的那样疏朗而硕大的。

　　明初洪武和永乐的建设规模都宏大。永乐以后太监当权,政治腐败,封建主昏庸无力,知识分子的宰臣都是没有气魄远见、只争小事的。明代文人所领导的艺术的表现,都远不如唐宋的精神。但明代的工业非常发达,建筑一方面由老匠师掌握,一方面由政府官僚监督,按官式规制建造,没有蓬勃的创造性,只是在工艺上非常工整。明中叶以后,寺庙很多是为贪污的阉官

---

　　① 卷杀:建设术语,指中国古代建筑中将构件的端部做成曲线形式,以求美观。

祝福而建的，如魏忠贤的生祠等。像这种的建筑，匠师多墨守成规，推敲细节，没有气魄的表现。而在全国各地的手工业作坊和城市的民房倒有很多是达到高度水平的老实工程。全部砖造的建筑和以高度技巧使用琉璃瓦的建筑物也逐渐发展。技术方面有很多的进展。明代的建筑实物到今天已是三五百年的结构，大部分都是很可宝贵的，有一部分尤其是极值得研究的艺术。

明清两代的建筑形制非常近似。清初入关以后，在玄烨（康熙）、胤禛（雍正）的年代里由统治阶级指定修造的建筑物都是体形健壮、气魄宏大的，小部留有明代一些手法上的特征，如北京郑王府之类；但大半都较明代建筑生硬笨重，尤其是枊梁用料过于侈大，在比例上不合理，在结构上是浪费的。到了弘历（乾隆），他聚敛了大量人民的财富，尽情享受，并且因宫廷趣味处在领导地位，自从他到了江南以后，喜爱南方的风景和建筑，故意要工匠仿南式风格和手法，采用许多曲折布置和纤巧图案，产生所谓"苏式"的彩画等等。因为工匠迎合统治阶级的趣味，所以在这期以后的许多建筑造法和清初的区别，正和北宋末崇宁间刊行《营造法式》时期和北宋初期建筑一样，多半是细节加工，在着重巧制花纹的方面用功夫，因而产生了许多玲珑小巧、萎靡繁琐的作风。这种偏向多出现在小型建筑或庭园建筑上。由圆明园的亭台楼阁开始，普遍地发展到府第店楼，影响了清末一切建筑。但清宫苑中的许多庭园建筑，却又有很多恰好是庄严平稳的宫廷建筑物，采取了江南建筑和自然风景配合的灵活布局的优良例子,如颐和园的谐趣园的整个组群和北海琼华岛北面游廊和静心斋等。

在这时期,中国建筑忽然来了一种摹仿西洋的趋势,这也是开始于宫廷猎取新奇的心理,由圆明园建造的"西洋楼"开端。当时所谓西洋影响,主要是摹仿意大利文艺复兴的古典楼面,圆头发券窗子,柱头雕花的罗马柱子,彩色的玻璃,蚌壳卷草的雕刻和西式石柱、栏杆、花盆、墩子、狮子、圆球等各种缀饰。这些东西,最初在圆明园所用的,虽曾用琉璃瓦特别烧制,由意大利人郎世宁监造,但一般的这种格式花纹多用砖刻出,如恭王府花园和三海①中的一些建筑物。北京西郊公园的大门也是一个典型例子。其他则在各城市的店楼门面上最易见到。颐和园中的石舫就是这种风格的代表。中国建筑在体形上到此已开始呈现庞杂混乱的现象,且已是崇外思想在建筑上表现出来的先声。当时宫廷是由猎奇而爱慕西方商品货物,对西方文化并无认识。到了鸦片战争以后,帝国主义武力侵略各口岸城市,产生买办阶级的媚外崇洋思想和民族自卑心理的时期,英美各国是以蛮横的态度,在我们祖国土地上建造适于他们的生活习惯的和殖民地化我们的房屋的。由广州城外的"十三行"和澳门葡萄牙商人所建造的房屋开始,形形色色的洋房洋楼便大量建造起来。祖国的建筑传统、艺术传统,城市的和谐一致的面貌,从此才大量被破坏了。近三十年来,中国的建筑设计转到知识分子手里,他们都是或留学欧美,或间接学欧美的建筑的。他们将各国的

---

　① 　三海即北海、中海、南海。

各时代建筑原封不动地搬到中国城市中来,并且竟鄙视自己的文化、自己固有的建筑和艺术传统,又在思想上做了西洋资本主义国家近代各流派建筑理论的俘虏。解放后经过爱国主义的学习才逐渐认识到祖国传统的伟大。祖国的建筑是祖国过去的劳动人民在长期劳动中智慧的结晶,是我们一份极可骄傲的、辉煌的艺术遗产。这个认识及时地纠正了前一些年代里许多人对祖国建筑遗物的轻视和破坏,但是保护建筑文物的工作不过刚刚开始,摆在我们面前的任务是很多很艰巨的。

最后让我再严重地指出爱护古建筑的意义。千万不要忘记毛主席在《新民主主义论》中所说的,"中国的长期封建社会中,创造了灿烂的古代文化",因此"清理古代文化的发展过程,剔除其封建性的糟粕,吸收其民主性的精华,是发展民族新文化提高民族自信心的必要条件"。这是毛主席交给我们考古工作者的任务。这个任务之完成是多方面的。首先我们要为发展新建筑创造条件。毛主席告诉我们,"中国现时的新文化也是从古代的旧文化发展而来"的,因此,中国现时的新建筑也必是从古代的旧建筑发展而来的。因此,建筑师们必须认识和掌握旧建筑的特征和规律,然后才能进行自由创造。所以他们需要考古人员的帮助。因此我们要搜集古建筑实物,研究它们,把我们研究的结果供给建筑师们。这是为创造新中国建筑的设计建筑师们服务的。

其次是在今后所有城市的发展改建中,我们必然要遇到旧的和新的之间,现在和将来之间的矛盾的问题。具有重要历史艺术价值的文物必须保存,但是有些价值较差的,或是可能妨碍发展的旧建筑是可能被拆除的,因此这也是一种"清理、剔除、吸收"的工作,必须慎重从事。在这工作中,我们要注重历史价值和艺术价值。富有代表性和说明性的文物就是富有历史价值的。有许多建筑曾为封建帝王或官僚地主所有,但它的本身却是劳动人民劳动的果实。我们也要重视文物本身的艺术价值。例如北京的天安门、故宫、太庙(劳动人民文化宫),它们的艺术价值是全世界公认的;它们过去是封建主所有的,今天已都是人民自己的珍宝了。对于建筑的评价,在改建城市的工作中是极重要的,评价的任务往往须由我们考古工作者担负起来。因此我们必须认清造成某一建筑物的时代背景和历史条件,认识它的艺术价值,不能凭主观出发。近代的高大的建筑不一定比某些古代的小建筑有价值,石头的不一定就比砖木的好。我们不应该以现代的尺度去衡量古代建筑的价值,正如李四光先生所说:"难道我们要以建造埃菲尔铁塔的方式来研究万里长城吗?"一座文物建筑一旦被盲目拆毁,我们是永远不能把它偿还给我们的子孙的。但是我们绝不应将一切古建筑"生吞活剥地毫无批判地吸收",也"不是颂古非今,不是赞扬任何封建的毒素",而是"给历史以一定的科学的地位,是尊重历史的辩证法的发展","主要的不是要引导他们(人民群众)向后看,而是要引导他们向前看"。在一座城市的发展和改建的工作中,考古工作者对于过去要负责,对于将来更要负责。

　　这个任务的另一方面是文物建筑的修缮问题。我们要避免不知道古建筑的结构而修理古建筑。我希望同志们多做历史研究工作，从形式上、结构上、材料上、雕饰上、总的部署上去认识时代的和地方的特征，做各种各样多方面的比较研究。千万不要一番好意去修缮古文物建筑，因为这方面知识不够，反而损害了它。

我国伟大的建筑传统与遗产

世界上最古、最长寿、最有新生力的建筑体系

历史上每一个民族的文化都产生了它自己的建筑,随着这文化而兴盛衰亡。世界上现存的文化中,除去我们的邻邦印度的文化可算是约略同时诞生的弟兄外,中华民族的文化是最古老、最长寿的。我们的建筑也同样是最古老、最长寿的体系。在历史上,其他与中华文化约略同时,或先或后形成的文化,如埃及、巴比伦,稍后一点的古波斯、古希腊,及更晚的古罗马,都已成为历史陈迹。而我们的中华文化则血脉相承,蓬勃地滋长发展,四千余年,一气呵成。到了今天,我们所承继的是一份极丰富的遗产,而我们的新生力量正在发育兴盛。我们在这文化建设高潮的前夕,好好再认识一下这伟大光辉的建筑传统是必要的。

我们自古以来就不断地建造,起初是为了解决我们的住宿、工作、休息与行路所需要的空间,解决风雨寒暑对我们的压迫,

便利我们日常生活和生产劳动。但在有了高度文化的时代,建筑便担任了精神上、物质上更多方面的任务。我们祖国的人民是在我们自己所创造出来的建筑环境里生长起来的。我们会意识地或潜意识地爱我们建筑的传统型类以及它们和我们数千年来生活相结合的社会意义,如我们的街市、民居、村镇、院落、市楼、桥梁、庙宇、寺塔、城垣、钟楼等等都是。我们也会意识地或直觉地爱我们的建筑客观上的造形艺术价值,如它们的壮丽或它们的朴实,它们的工艺与大胆的结构,或它们的亲切部署与简单的秩序。它们是我们民族经过代代相承,在劳动的实践中和实际使用相结合而成熟、而提高的传统。它是一个伟大民族的工匠和人民在生活实践中集体的创造。

因此,我们家乡的一角城楼、几处院落、一座牌坊、一条街市、一列店铺,以及我们近郊的桥、山前的塔、村中的古坟石碑、村里的短墙与三五茅屋,对于我们都是那么可爱,那么有意义的。它们都曾丰富过我们的生活和思想,成为与我们不可分离的情感的内容。

我们中华民族的人民从古以来就不断地热爱着我们的建筑。历代的文章诗赋和歌谣小说里都不断有精彩的叙述与描写,表示建筑的美丽或它同我们生活的密切。有许多不朽的文学作品更是特地为了颂扬或纪念我们建筑的伟大而作的。

最近在《解放了的中国》的镜头中,就有许多令人肃然起敬、令人骄傲、令人看着就愉快的建筑,那样光辉灿烂地同我国伟大的天然环境结合在一起,代表着我们的历史,我们的艺术,我们祖国光荣的文化。我们热爱我们的祖国,我们就不可能不被它们所激动,所启发,所鼓励。

但我们光是盲目地爱我们的文化传统与遗产,还是不够的。我们还要进一步地认识它。我们的许多伟大的匠工在被压迫的时代里,名字已不被人记着,结构工程也不详于文字记载。我们现在必须搞清楚我们建筑在工程和艺术方面的成就,它的发展,它的优点与成功的原因,来丰富我们对祖国文化的认识。我们更要懂得怎样去重视和爱护我们建筑的优良传统,以促进我们今后承继中国血统的新创造。

我们祖先的穴居

我们伟大的祖先在中华文化初放曙光的时代是穴居的。他们利用地形和土质的隔热性能,开出洞穴作为居住的地方。这方法,就在后来文化进步过程中也没有完全舍弃,而且不断地加以改进。从考古家所发现的周口店山洞、安阳的袋形穴……到今天华北、西北都还普遍的窑洞,都是进步到不同水平的穴居的实例。砖筑的窑洞已是很成熟的建筑工程。

我们的祖先创造了骨架结构法——一个伟大的传统

在地形、地质和气候都比较不适宜于穴居的地方,我们智慧的祖先很早就利用天然材料——主要的是木料、土与石——稍微加工制作,构成了最早的房屋。这种结构的基本原则,至迟在公元前一千四五百年间大概就形成了的,一直到今天还沿用着。《诗经》《易经》都同样提到这样的屋子,它们起了遮蔽风雨的作用。古文字流露出前人对于屋顶像鸟翼开展的形状特别表示满意,以"作庙翼翼""如鸟斯革,如翚斯飞"等句子来形容屋顶的美。一直到后来的"飞甍""飞檐"的说法也都指示着瓦部"翼翼"的印象,使我们有"瞻栋宇而兴慕"之慨。其次,早期文字里提到的很多都是木构部分,大部都是为了承托梁栋和屋顶的结构。

这个骨架结构大致说来就是:先在地上筑土为台;台上安石础,立木柱;柱上安置梁架,梁架和梁架之间以枋将它们牵联,上面架檩,檩上安椽,做成一个骨架,如动物之有骨架一样,以承托上面的重量。在这构架之上,主要的重量是屋顶与瓦檐,有时也加增上层的楼板和栏杆。柱与柱之间则依照实际的需要,安装门窗。屋上部的重量完全由骨架担负,墙壁只作间隔之用。这样使门窗绝对自由,大小有无,都可以灵活处理。所以同样地立这样一个骨架,可以使它四面开敞,做成凉亭之类,也可以垒砌墙壁作为掩蔽周密的仓库之类。而寻常房屋厅堂的门窗墙壁及内部的间隔等,则都可以按其特殊需要而定。

从安阳发掘出来的殷墟坟宫遗址,一直到今天的天安门、太和殿,以及千千万万的庙宇民居农舍,基本上都是用这种骨架结构方法的。因为这样的结构方法能灵活适应于各种用途,所以南至越南,北至黑龙江,西至新疆,东至朝鲜、日本,凡是中华文化所及的地区,在极端不同的气候之下,这种建筑系统都能满足每个地方人民的各种不同的需要。这骨架结构的方法实为中国将来的采用钢架或钢筋混凝土的建筑具备了适当的基础和有利条件。我们知道,欧洲古典系统的建筑是采取垒石制度的。墙的安全限制了窗的面积,窗的宽大会削弱了负重墙的坚固。到了应用钢架和钢筋混凝土时,这个基本矛盾才告统一,开窗的困难才彻底克服了。我们建筑上历来窗的部分与位置同近代所需要的相同,就是因为骨架结构早就有了灵活的条件。

中国建筑制定了自己特有的"文法"

一个民族或文化体系的建筑,如同语言一样,是有它自己的特殊的"文法"与"语汇"的。它们一旦形成,则成为被大家所接受遵守的方法的纲领。在语言中如此,在建筑中也如此。中国建筑的"文法"和"语汇"据不成熟的研究,是经由这样酝酿发展而形成的。

我们的祖先在选择了木料之后逐渐了解木料的特长,创始了骨架结构初步方法——中国系统的梁架。在这以后,经验使他们也发现了木料性能上的弱点。那就是当水平的梁枋将重量转移到垂直的立柱时,在交接的地方会发生极强的剪力,那里梁就容易折断。于是他们就使用一种缓冲的结构来纠正这种可以避免的危险。他们用许多斗形木块的"斗"和臂形的短木"拱",在柱头上重叠而上,愈上一层的拱就愈长,将上面梁枋托住,把它们重量一层层递减地集中到柱头上来。这个梁柱间过渡部分的结构减少了剪力,消除了梁折断的危机。这种斗和拱组合而成的组合物,近代叫作"斗拱"。见于古文字中的,如栌,如栾等等,我们虽不能完全指出它们是斗拱初期的哪一型类,但由描写的专词与句子,和古铜器上图画看来,这种结构组合的方法早就大体成立,所以说是一种"文法"。而斗、拱、梁、枋、椽、檩、楹柱、棂窗等,也就是我们主要的"语汇"了。

至迟在春秋时代,斗拱已很普遍地应用,它不惟可以承托梁枋,而且可以承托出檐,可以增加檐向外挑出的宽度。《孟子》里就有"榱题数尺"之句,意思说檐头出去之远。这种结构同时也成为梁间檐下极美的装饰,由古文不断地将它描写来看,也是没有问题的。唐以前宝物,以汉代石阙与崖墓上石刻的木构部分为最可靠的研究资料。唐时木建还有保存到今天的,但主要的还要借图画上的形象。可能在唐以前,斗拱本身各部已有标准化的比例尺度,但要到宋代,我们才确实知道斗拱结构各种标准的规定。

全座建筑物中无数构成材料的比例尺度就都以一个拱的宽度作度量单位,以它的倍数或分数来计算的。宋时且把每一构材的做法,把天然材料修整加工到什么程度的曲线,榫卯如何衔接等都规格化了,形成类似"文法"的规矩。至于在实物上运用起来,却是千变万化,少见有两个相同的结构。惊心动魄的例子,如蓟县独乐寺观音阁三层大阁和高二十丈的应州木塔的结构,都是近于一千年的木构,当在下文建筑遗物中叙述。

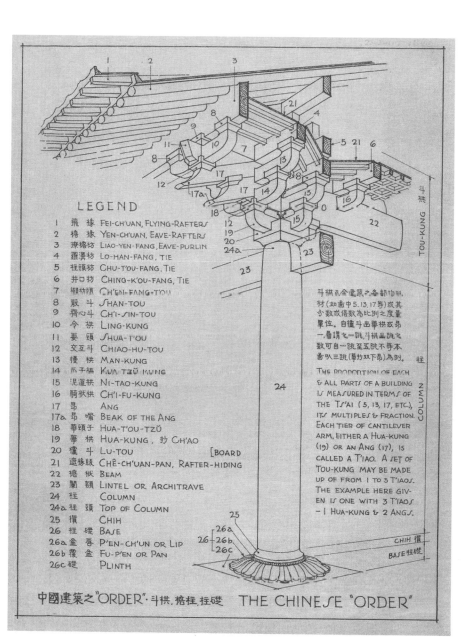

LEGEND

1	飛椽	FEI-CH'UAN, FLYING-RAFTERS
2	檐椽	YEN-CH'UAN, EAVE-RAFTERS
3	撩檐枋	LIAO-YEN-FANG, EAVE-PURLIN
4	羅漢枋	LO-HAN-FANG, TIE
5	柱頭枋	CHU-T'OU-FANG, TIE
6	井口枋	CHING-K'OU-FANG, TIE
7	櫨枋頭	CH'EN-FANG-T'OU
8	散斗	SHAN-TOU
9	齊心斗	CH'I-SIN-TOU
10	令栱	LING-KUNG
11	要頭	SHUA-T'OU
12	交互斗	CHIAO-HU-TOU
13	慢栱	MAN-KUNG
14	瓜子栱	KUA TZǓ-KUNG
15	泥道栱	NI-TAO-KUNG
16	騎栿栱	CH'I-FU-KUNG
17	昂	ANG
17a	昂嘴	BEAK OF THE ANG
18	華頭子	HUA-T'OU-TZǓ
19	華栱	HUA-KUNG, 抄 CH'AO
20	櫨斗	LU-TOU
21	遮椽版	CHÊ-CH'UAN-PAN, RAFTER-HIDING [BOARD
22	檐栿	BEAM
23	闌額	LINTEL OR ARCHITRAVE
24	柱	COLUMN
24a	柱頭	TOP OF COLUMN
25	櫕	CHIH
26	柱礎	BASE
26a	盆唇	P'EN-CH'UN OR LIP
26b	覆盆	FU-P'EN OR PAN
26c	礎	PLINTH

斗栱乃全建築之各部中則.
材(如當中 5.13.17等)或其
分數或倍數為比例之度量
單位. 自櫨斗出華栱或昂
一層謂之一跳, 斗栱出跳之
數可自一跳至五跳不等本
圖叺三跳(單叺双下昂)為例.

THE PROPORTION OF EACH
& ALL PARTS OF A BUILDING
IS MEASURED IN TERMS OF
THE TS'AI (5, 13, 17, ETC.),
ITS MULTIPLES & FRACTION.
EACH TIER OF CANTILEVER
ARM, EITHER A HUA-KUNG
(19) OR AN ANG (17), IS
CALLED A T'IAO. A SET OF
TOU-KUNG MAY BE MADE
UP OF FROM 1 TO 5 T'IAOS.
THE EXAMPLE HERE GIV-
EN IS ONE WITH 3 T'IAOS
— 1 HUA-KUNG & 2 ANGS.

斗栱 TOU-KUNG

柱 COLUMN

CHIH 櫕
BASE 柱礎

中國建築之"ORDER"·斗栱,檐柱,柱礎   THE CHINESE "ORDER"

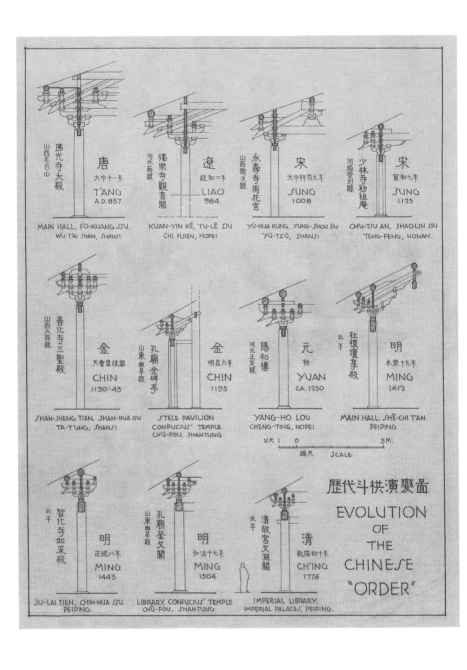

山西五台山　佛光寺大殿
唐
大中十一年
T'ANG
A.D. 857

MAIN HALL, FO-KUANG SSU,
WU-T'AI SHAN, SHANSI

河北薊縣　獨樂寺觀音閣
遼
統和二年
LIAO
984

KUAN-YIN KÊ, TU-LÊ SSU
CHI HSIEN, HOPEI

山西榆次縣　永壽寺雨花宮
宋
大中祥符元年
SUNG
1008

YÜ-HUA KUNG, YUNG-SHOU SSU
YÜ-TZّ, SHANSI

河南登封縣　少林寺初祖庵
宋
宣和七年
SUNG
1125

CH'U-TSU AN, SHAO-LIN SSU
TENG-FENG, HONAN.

山西大同縣　善化寺三聖殿
金
天會皇統間
CHIN
1130-43

SHAN-SHENG TIEN, SHAN-HUA SSU
TA-T'UNG, SHANSI

山東曲阜縣　孔廟金碑亭
金
明昌六年
CHIN
1195

STELE PAVILION
CONFUCIUS' TEMPLE
CH'Ü-FOU, SHANTUNG

河北正定縣　陽和樓
元
物
YUAN
CA. 1250

YANG-HO LOU
CHENG-TING, HOPEI

北平　社稷壇享殿
明
永樂十九年
MING
1412

MAIN HALL, SHÊ-CHI T'AN
PEIPING

營造尺 1　0　　　　5M.
縮尺　SCALE

北平　智化寺如來殿
明
正統八年
MING
1443

JU-LAI TIEN, CHIH-HUA SSU
PEIPING

山東曲阜縣　孔廟奎文閣
明
弘治十七年
MING
1504

LIBRARY, CONFUCIUS' TEMPLE
CH'Ü-FOU, SHANTUNG

北平　清故宮文淵閣
清
乾隆四十年
CH'ING
1776

IMPERIAL LIBRARY,
IMPERIAL PALACES, PEIPING

歷代斗栱演變圖

EVOLUTION
OF
THE
CHINESE
"ORDER"

在这"文法"中,各种"语汇"因时代而改变,"文法"亦略更动了,因而决定了各时代的特征。但在基本上,中国建筑同中国语言文字一样,是血脉相承、赓续演变,反映各种影响及所吸取养料,从没有中断过的。

内部斗拱梁架和檐柱上部斗拱组织是中国建筑工程的精华。由观察分析它们的作用和变化,才真真认识我们祖先在掌握材料的性能、结构的功能上有多么伟大的成绩。至于建造简单的民居,劳动人民多会立柱上梁;技术由于规格化的简便更为普遍。梁架和斗拱都是中国建筑所独具的特征,在工匠的术书中将这部分称作"大木作做法"。

中国建筑的"文法"中还包括着关于砖石、墙壁、门窗、油饰、屋瓦等方面,称作"石作做法""小木作做法""彩画作做法"和"瓦作做法"等。屋顶属于"瓦作做法",它是中国建筑中最显著、最重要、庄严无比、美丽无比的一部分。但瓦坡的曲面,翼状翘起的檐角,檐前部的"飞椽",和承托出檐的斗拱,给予中国建筑以特殊风格和无可比拟的杰出姿态的,都是内中木构所使然,是我们木工的绝大功绩。因为坡的曲面和檐的曲线,都是由于结构中的举架法的逐渐垒进升高而成,不是由于矫揉造作,或歪曲木料而来。盖顶的瓦,每一种都有它的任务,有一些是结构上必需部分而略加处理,便同时成为优美的瓦饰,如瓦脊、脊吻、垂脊、脊兽等。

油饰本是为保护木材而用的。在这方面中国工匠充分地表现出创造性。他们敢于使用各种颜色在梁枋上做妍丽繁复的彩绘,但主要的却用属于青绿系统的冷色而以金为点缀,所谓"青绿点金",各种格式。柱和门窗则限制到只用纯色的朱红或黑色的漆料,这样建筑物直接受光面同檐下阴影中彩绘斑斓的梁枋斗拱更多了反衬的作用,加强了檐下的艺术效果。彩画制度充分地表现了我们匠师使用颜色的聪明。

其他门窗即"小木作"部分、墙壁台基"石作"部分的做法也一样由于积累的经验有了谨严的规制,也有无穷的变化。如门窗的刻镂,石座的雕饰,各个方面都有特殊的成就。工程上虽也有不可免的缺点,但中国一座建筑物的整体组合,绝无问题的,是高度成功的艺术。

至于建筑物同建筑物间的组合,即对于空间的处理,我们的祖先更是表现了无比的智慧。我们的平面部署是任何其他建筑所不可及的。院落组织是我们在平面上的特征。无论是住宅、官署、寺廷、宫廷、商店、作坊,都是由若干主要建筑物,如殿堂、厅舍,加以附属建筑物,如厢耳、廊庑、院门、围墙等周绕联络而成一院,或若干相连的院落。这种庭院,事实上,是将一部分户外空间组织到建筑范围以内。这样便适应了居住者对于阳光、空气、花木的自然要求,供给生活上更多方面的使用,增加了建筑的活泼和功能。一座单座庞大的建筑物将它内中的空间分划使用,无论是如何的周廊复室,建筑物以内同建筑物以外是隔绝的,断然划分的。在外的觉得同内中隔绝,可望而不可即;在内的觉得像被囚禁,欲出而不得出,使生活有某种程度的不自然。直到最近欧美建筑师才注意这个缺点,才强调内外联系打成一片的新观点。我们数千年来则无论贫富,在村镇或城市的房屋没有不是组成院落的。它们很自然地给了我们生活许多的愉快,而我们在习惯中,有时反不会觉察到。一样,在一个城市部署方面,我们祖国的空间处理同欧洲系统的不同,主要也是在这种庭院的应用上。今天我们把许多市镇中衙署或寺观前的庭院改成广场是很自然的。公共建筑物前面的院子,就可以成护卫的草地区,也很合乎近代需要。

我们的建筑有着种种优良的传统,我们对于这些要深深理解,向过去虚心学习。我们要巩固我们传统的优点,加以发扬光大,在将来创造中灵活运用,基本保存我们的特征。尤其是在被帝国主义文化侵略数十年之后,我们对文化传统或有些隔膜,今天必须多观摩认识,才会更丰富地体验到、享受到我们祖国文化的特殊的光荣的果实。

千年屹立的木构杰作

几千年来,中华民族的建筑绝大部分是木构的。但因新陈代谢,现在已很难看到唐宋时代完整的建筑群,所见大多是硕果仅存的单座建筑物。

国内现存五百年以上的木构建筑虽还不少;七八百年以上,已经为建筑史家所调查研究过的只有三四十处;千年左右的,除去敦煌石窟的廊檐外,在华北的仅有两处依然完整地健在。我们在这里要首先提到现存木构中最古的一个殿。

五台佛光寺 山西五台山豆村镇佛光寺的大殿是唐末会昌年间毁灭佛法以后，在 857 年重建的。它已是中国现存最古的木构①，它依据地形，屹立在靠山坡筑成的高台上。柱头上有雄大的斗拱，在外面挑着屋檐，在内部承托梁架，充分地发挥了中国建筑的特长。它屹立一千一百年，至今完整如初，证明了它的结构工程是如何科学的、合理的，这个建筑如何的珍贵。殿内梁下还有建造时的题字，墙上还保存着一小片原来的壁画，殿内全部三十几尊佛像都是唐末最典型最优秀的作品。在这一座殿中，同时保存着唐代的建筑、书法、绘画、雕塑四种艺术，精华荟萃，实是文物建筑中最重要、最可珍贵的一件国宝。殿内还有两尊精美的泥塑写实肖像，一尊是出资建殿的女施主宁公遇，一尊是当时负责重建佛光寺的愿诚法师，脸部表情富于写实性，且是研究唐末服装的绝好资料。殿阶前有石幢，刻着建殿年月，雕刻也很秀美。

蓟县独乐寺 次于佛光寺最古的木建筑是河北蓟县独乐寺的山门和观音阁。984 年建造的建筑群，竟还有这门阁相对屹立，至今将近千年了。山门是一座灵巧的单层小建筑，观音阁却是一座庞大的重层（加上两主层间的平坐层，实际上是三层）大阁。阁内立着一尊六丈余高的泥塑十一面观音菩萨立像，是中国最大的泥塑像，是最典型的优秀辽代雕塑。阁是围绕着像建造的。中间留出一个井，平坐层达到像膝，上层与像胸平，像头

---

① 中国现存最古的木构当为山西忻州五台县南禅寺大殿，重修于 782 年，于 1953 年为考古人员发现，此文撰写时（1951 年）尚未被发现。

上的花冠却顶到上面的八角藻井下。为满足这特殊需要,天才的匠师在阁的中心留出这个井,使像身穿过三层楼。这个阁的结构,上下内外,因此便在不同的地位上,按照不同的结构需要,用了十几种不同的斗拱,结构上表现了高度的有机性,令后世的建筑师们看见,只有瞠目咋舌的惊欢。全阁雄伟魁梧,重檐坡斜舒展,出檐极远,所呈印象,与国内其他任何楼阁都不相同。

应县木塔　再次要提到的木构杰作就是察哈尔①应县佛宫寺的木塔。在桑乾河的平原上,离县城十几里,就可以望见城内巍峨的木塔。塔建于 1056 年,至今也将近九百年了。这座八角五层(连平坐层事实上是九层)的塔,全部用木材骨架构成,连顶上的铁刹,总高六十六公尺余,整整二十丈。上下内外共用了五十七种不同的斗拱,以适合结构上不同的需要。唐代以前的佛塔很多是木构的,但佛家的香火往往把它们毁灭,所以后来多改用砖石。到了今天,应县木塔竟成了国内唯一的孤例。由这一座孤例中,我们看到了中国匠师使用木材登峰造极的技术水平,值得我们永远地景仰。塔上一块明代的匾额,用"鬼斧神工"四个字赞扬它,我们看了也有同感。

我们的祖先同样善用砖石

在木构的建筑实物外,现存的砖工建筑有汉代的石阙和石祠,还有普遍全国的佛塔和不少惊人的石桥,应该做简单介绍的

---

①　察哈尔:中国旧时省份,后并入山西省。

叙述。

汉朝的石阙和石祠　阙是古代宫殿、祠庙、陵墓前面甬道两旁分立在左右的两座楼阁形的建筑物,现在保存最好而且最精美的阙莫过于西康①雅安的高颐墓阙和四川绵阳的杨府君墓阙。它们虽然都是石造的,全部却模仿木构的形状雕成。汉朝木构的法式,包括下面的平台,阙身的柱子,上面重叠的枋椽,以及出檐的屋顶,都用高度娴熟精确的技术表现出来。它们都是最珍贵的建筑杰作。

山东嘉祥县和肥城县还有若干汉朝坟墓前的石室,它们虽然都极小极简单,但是还可以看出用柱、用斗,和用梁架的表示。

我们从这几种汉朝的遗物中可以看出,中国建筑所特有的传统到了汉朝已经完全确立,以后世世代代的劳动人民继续不断地把它发扬光大,以至今日。这些陵墓的建筑物同时也是史学家和艺术家研究汉代丧葬制度和艺术的珍贵参考资料。

嵩山嵩岳寺砖塔　佛塔已几乎成了中国风景中一个不可缺少的因素。千余年来,它们给了辛苦勤劳、受尽压迫的广大人民无限的安慰,春秋佳日,人人共赏,争着登临远眺。文学遗产中就有数不清的咏塔的诗。

唐宋盛行的木塔已经只剩一座了,砖石塔却保存得极多。河南嵩山嵩岳寺塔建于 520 年,是国内最古的砖塔,也是最优秀的一个实例。塔的平面作十二角形,高十五层,这两个数目字在佛塔中是特殊的孤例,因为一般的塔,平面都是四角、六角,或八

---

① 西康:中国旧时省份,后并入四川省。

角形,层数至多仅到十三。这塔在样式的处理上,在一个很高的基座上,是一段高的塔身,再往上是十五层密密重叠的檐。塔身十二角上各砌作一根八角柱,柱础柱头都作莲瓣形。塔身垂直的柱与上面水平的檐层构成不同方向的线路;全塔的轮廓是一道流畅和缓的抛物线形,雄伟而秀丽,是最高艺术造诣的表现。

由全国无数的塔中,我们得到一个结论,就是中国建筑,即使如佛塔这样完全是从印度输入的观念,在物质体形上却基本地是中华民族的产物,只在雕饰细节上表现外来的影响。《后汉书·陶谦传》所叙述的"浮图"(佛塔)是"下为重楼,上叠金盘"①。重楼是中国原有的多层建筑物,是塔的本身,金盘只是上面的刹,就是印度的"窣堵坡"。塔的建筑是中华文化接受外来文化影响的绝好的结晶。塔是我们把外来影响同原有的基础接合后发展出来的产物。

赵州桥　中国有成千成万的桥梁,在无数的河流上,便利了广大人民的交通,或者给予多少人精神上的愉悦。有许多桥在中国的历史上有着深刻的意义。长安的灞桥,北京的卢沟桥,就是卓越的例子。但从工程的技术上说,最伟大的应是北方无人不晓的赵州桥。如民间歌剧《小放牛》里的男角色问女的"赵州桥,什么人修"绝不是偶然的。它的工程技巧实太惊人了。

这条桥是跨在河北赵县洨水上的,跨长三十七公尺有余(约十二丈二尺),是一个单孔券桥,在中国古代的桥梁中,这是最大的一个弧券。然而它的伟大不仅在跨度之大,而在大券两

---

① 现行本《后汉书》作"上累金盘,下为重楼"。

端,各背着两个小券的做法。这个措置减少了洪水时桥身对水流的阻碍面积,减少了大券上的荷载,是聪明无比的创举。这种做法在欧洲到 1912 年才初次出现,然而隋朝(公元 581 至 618 年)的匠人李春却在一千三百多年前就建造了这样一道桥。这桥屹立到今天,仍然继续便利着来往的行人和车马。桥上原有唐代的碑文,特别赞扬"隋匠李春""两涯穿四穴"的智巧;桥身小券内面,还有无数宋金元明以来的铭刻,记载着历代人民对它的敬佩。"李春"两个字是中国工程史中永远不会埋没的名字,每一位桥梁工程师都应向这位一千三百年前伟大的天才工程师看齐!

索桥　铁索桥、竹索桥,这些都是西南各省最熟悉的名称。在工程史中,索桥又是我们的祖先对于人类文化史的一个伟大贡献。铁链是我们的祖先发明的,他们的智慧把一种硬直顽固的天然材料改变成了柔软如意的工具。这个伟大的发明,很早就被应用来联系河流的阻隔,创造了索桥。除了用铁之外,我们还就地取材,用竹索作为索桥的材料。

灌县竹索桥在四川灌县,与著名的水利工程都江堰同样著名,而且在同一地点上的,就是竹索桥。在宽三百二十余公尺的岷江面上,它像一根线那样,把两面的人民联系着,使他们融合成一片。

在激湍的江流中,勇敢智慧的工匠们先立下若干座木架。在江的两岸,各建桥楼一座,楼内满装巨大的石卵,在两楼之间,经过木架上面,并列牵引十条用许多竹篾编成的粗巨的竹索,竹索上面铺板,成为行走的桥面。桥面两旁也用竹索做成栏杆。

西南的索桥多数用铁,而这座索桥却用竹。显而易见,因为它巨大的长度,铁索的重量和数量都成了问题,而竹是当地取不尽、用不竭,而又具有极强的张力的材料,重量又是极轻的。在这一点上,又一次证明了中国工匠善于取材的伟大智慧。

从古就有有计划的城

自从周初封建社会开始,中国的城邑就有了制度。为了防御邻邑封建主的袭击,城邑都有方形的城郭。城内封建主住在前面当中,后面是市场,两旁是老百姓的住宅。对着城门必有一条大街。其余的土地划分为若干方块,叫作"里",唐以后称"坊"。里也有围墙,四面开门,通到大街或里与里间的小巷上。每里有一名管理员,叫作"里人"。这种有计划的城市,到了隋唐的长安已达到了最高度的发展。

隋唐的长安首次制订了城市的分区计划。城内中央的北部是宫城,皇帝住在里面。宫城之外是皇城,所有的衙署都在里面,就是首都的行政区。皇城之外是都城,每面开三个门,有九条大街南北东西地交织着。大街以外的土地就是一个一个的坊。东西各有两个市场,在大街的交叉处,城之东南隅,还有曲江的风景。这样就把皇宫、行政区、住宅区、商业区、风景区明白地划分规定,而用极好的道路系统把它们系起来,条理井然。有计划地建造城市,我们是历史上最先进的民族。古来"营国筑室",即都市计划与建筑,素来是相提并论的。

隋唐的长安、洛阳和许多古都市已不存在,但人民中国的首都北京却是经元、明、清三代,总结了都市计划的经验,用心经营出来的卓越的、典型的中国都市。

北京今日城垣的外貌正是辩证地发展的最好例子。北京在部署上最出色的是它的南北中轴线,由南至北长达七公里余。在它的中心立着一座座纪念性的大建筑物。由外城正南的永定门直穿进城,一线引直,通过整一个紫禁城到它北面的钟楼鼓楼,在景山巅上看得最为清楚。世界上没有第二个城市有这样大的气魄,能够这样从容地掌握这样的一种空间概念。更没有第二个国家有这样以巍峨尊贵的纯色黄琉璃瓦顶、朱漆描金的木构建筑物,毫不含糊地连属组合起来的宫殿与宫廷。紫禁城和内中成百座的宫殿是世界绝无仅有的建筑杰作的一个整体,环绕着它的北京的街型区域的分配也是有条不紊的城市的奇异的孤例。当中偏西的宫苑,偏北的平民娱乐的什刹海,禁城北面满是松柏的景山,都是北京的绿色区。在城内有园林的调剂也是不可多得的优良的处理方法。这样的都市不但在全世界里中古时代所没有,即在现代,用最进步的都市计划理论配合,仍然是保持着最有利条件的。

这样一个京城是历代劳动人民血汗的创造,从前一切优美的果实都归统治阶级享受,今天却都回到人民手中来了。我们爱自己的首都,也最骄傲它中间这么珍贵的一份伟大的建筑遗产。

在中国的其他大城市里,完整而调和的,中华民族历代所创造的建筑群,它们的秩序和完整性已被帝国主义的侵入破坏了,保留下来的已都是残破零星、亟待整理的。相形之下,北京保存得完整更是极可宝贵的。过去在不利的条件下,许多文物遗产都不必要地受到损害。今天的人民已经站起来了,我们保证尽最大的能力来保护我们光荣的祖先所创造出来可珍贵的一切并加以发扬光大。

为什么研究中国建筑

　　研究中国建筑可以说是逆时代的工作。近年来中国生活在剧烈的变化中趋向西化，社会对于中国固有的建筑及其附艺多加以普遍的摧残。虽然对于新输入之西方工艺的鉴别还没有标准，对于本国的旧工艺，已怀鄙弃厌恶心理。自"西式楼房"盛行于通商大埠以来，豪富商贾及中产之家无不深爱新异，以中国原有建筑为陈腐。他们虽不是蓄意将中国建筑完全毁灭，而在事实上，国内原有很精美的建筑物多被拙劣幼稚的，所谓西式楼房或门面，取而代之。主要城市今日已拆改逾半，芜杂可哂，充满非艺术之建筑。纯中国式之秀美或壮伟的旧市容，或破坏无遗，或仅余大略，市民毫不觉可惜。雄峙已数百年的古建筑（historical landmark），充沛艺术特殊趣味的街市（local color），为一民族文化之显著表现者，亦常在"改善"的旗帜之下完全牺牲。近如去年甘肃某县为扩宽街道，"整顿"市容，本不需拆除无数刻工精美的特殊市屋门楼，而负责者竟悉数加以摧毁，便是一例。这与在战争炮火下被毁者同样令人伤心，国人多熟视无睹。盖这种破坏，三十余年来已成为习惯也。

　　市政上的发展,建筑物之新陈代谢本是不可免的事。但即在抗战之前,中国旧有建筑荒顿破坏之范围及速率,亦有甚于正常的趋势。这现象有三个明显的原因:一、在经济力量之凋敝,许多寺观衙署,已归官有者,地方任其自然倾圮,无力保护;二、在艺术标准之一时失掉指南,公私宅第园馆街楼,自西艺浸入后忽被轻视,拆毁剧烈;三、缺乏视建筑为文物遗产之认识,官民均少爱护旧建的热心。

　　在此时期中,也许没有力量能及时阻挡这破坏旧建的狂潮。在新建设方面,艺术的进步也还有培养知识及技术的时间问题。一切时代趋势是历史因果,似乎含着不可免的因素。幸而同在这时代中,我国也产生了民族文化的自觉,搜集实物,考证过往,已是现代的治学精神,在传统的血流中另求新的发展,也成为今日应有的努力。中国建筑既是延续了两千余年的一种工程技术,本身已造成一个艺术系统,许多建筑物便是我们文化的表现,艺术的大宗遗产。除非我们不知尊重这古国灿烂文化,如果有复兴国家民族的决心,对我国历代文物加以认真整理及保护时,我们便不能忽略中国建筑的研究。

　　以客观的学术调查与研究唤醒社会,助长保存趋势,即使破坏不能完全制止,亦可逐渐减杀。这工作即使为逆时代的力量,它却与在大火之中抢救宝器名画同样有急不容缓的性质。这是珍护我国可贵文物的　种神圣义务。

　　中国金石书画素得士大夫之重视。各朝代对它们的爱护欣赏,并不在于文章诗词之下,实为吾国文化精神悠久不断之原因。独是建筑，数千年来，完全在技工匠师之手。其艺术表现大多数是不自觉的师承及演变之结果。这个同欧洲文艺复兴以前的建筑情形相似。这些无名匠师，虽在实物上为世界留下许多伟大奇迹，在理论上却未为自己或其创造留下解析或夸耀。因此一个时代过去，另一时代继起，多因主观上失掉兴趣，便将前代伟创加以摧毁，或同于摧毁之改造。亦因此，我国各代素无客观鉴赏前人建筑的习惯。在隋唐建设之际，没有对秦汉旧物加以重视或保护。北宋之对唐建，明清之对宋元遗构，亦并未知爱惜。重修古建，均以本时代手法，擅易其形式内容，不为古物原来面目着想。寺观均在名义上保留其创始时代，其中殿宇实物，则多任意改观。这倾向与书画仿古之风大不相同，实足注意。自清末以后突来西式建筑之风，不但古物寿命更无保障，连整个城市，都受打击了。

如果世界上艺术精华，没有客观价值标准来保护，恐怕十之八九均会被后人在权势易主之时，或趣味改向之时，毁损无余。在欧美，古建实行的保存是比较晚近的进步。十九世纪以前，古代艺术的破坏也是常事。幸存的多赖偶然的命运或工料之坚固。十九世纪中，艺术考古之风大炽，对任何时代及民族的艺术才有客观价值的研讨。保存古物之觉悟即由此而生。即如此次大战，盟国前线部队多附有专家，随军担任保护沦陷区或敌国古建之责。我国现时尚在毁弃旧物动态中，自然还未到他们冷静回顾的阶段。保护国内建筑及其附艺，如雕刻壁画，均须萌芽于社会人士客观的鉴赏，所以艺术研究是必不可少的。

今日中国保存古建之外，更重要的还有将来复兴建筑的创造问题。欣赏鉴别以往的艺术，与发展将来创造之间关系若何，我们尤不宜忽视。

西洋各国在文艺复兴以后，对于建筑早已超出中古匠人不自觉的创造阶段。他们研究建筑历史及理论，作为建筑艺术的基础。各国创立实地调查学院，他们颁发研究建筑的旅行奖金，他们有美术馆博物院的设备，又保护历史性的建筑物任人参观，派专家负责整理修葺。所以西洋近代建筑创造，同他们其他艺术，如雕刻、绘画、音乐或文学，并无二致，都是合理解与经验，而加以新的理想，作新的表现的。

我国今后新表现的趋势又若何呢？

艺术创造不能完全脱离以往的传统基础而独立。这在注重画学的中国应该用不着解释。能发挥新创都是受过传统熏陶的。即使突然接受一种崭新的形式，根据外来思想的影响，也仍然能表现本国精神。如南北朝的佛教雕刻，或唐宋的寺塔，都起源于印度，非中国本有的观念，但结果仍以中国风格造成成熟的中国特有艺术，驰名世界。艺术的进境是基于丰富的遗产上，今后的中国建筑自亦不能例外。

无疑的，将来中国将大量采用西洋现代建筑材料与技术。如何发扬光大我民族建筑技艺之特点，在以往都是无名匠师不自觉的贡献，今后却要成近代建筑师的责任了。如何接受新科学的材料方法而仍能表现中国特有的作风及意义，老树上发出新枝，则真是问题了。

欧美建筑以前有"古典"及"派别"的约束，现在因科学结构，又成新的姿态，但它们都是西洋系统的嫡裔。这种种建筑同各国多数城市环境毫不抵触。大量移植到中国来，在旧式城市中本来是过分唐突，今后又是否让其喧宾夺主，使所有中国城市都不留旧观？这问题可以设法解决，亦可以逃避。到现在为止，中国城市多在无知匠人手中改观。故一向的趋势是不顾历史及艺术的价值，舍去固有风格及固有建筑，成了不中不西乃至于滑稽的局面。

一个东方老国的城市，在建筑上，如果完全失掉自己的艺术特性，在文化表现及观瞻方面都是大可痛心的。因这事实明显地代表着我们文化衰落，至于消灭的现象。四十年来，几个通商大埠，如上海、天津、广州、汉口等，曾不断地模仿欧美次等商业城市，实在是反映着外国人经济侵略时期。大部分建设本是属于租界里外国人的，中国市民只随声附和而已。这种建筑当然不含有丝毫中国复兴精神之迹象。

今后为适应科学动向，我们在建筑上虽仍同样地必须采用西洋方法，但一切为自觉的建设。由有学识、有专门技术的建筑师担任指导，则在科学结构上有若干属于艺术范围的处置必有一种特殊的表现。为着中国精神的复兴，他们会作美感同智力参合的努力。这种创造的火炬已曾在抗战前燃起，所谓"宫殿式"新建筑就是一例。

但因为最近建筑工程的进步，在最清醒的建筑理论立场上看来，"宫殿式"的结构已不合于近代科学及艺术的理想。"宫殿式"的产生是由于欣赏中国建筑的外貌,建筑师想保留壮丽的琉璃屋瓦,更以新材料及技术将中国大殿轮廓约略模仿出来。在形式上它模仿清代官衙,在结构及平面上它又仿西洋古典派的普通组织。在细项上,窗子的比例多半属于西洋系统,大门栏杆又多模仿国粹。它是东西制度勉强的凑合,这两制度又大都属于过去的时代。它最像欧美所曾盛行的"仿古"建筑(period architecture)。因为靡费侈大,它不常适用于中国一般经济情形,所以也不能普遍。有一些"宫殿式"的尝试,在艺术上的失败可拿文章做比喻。它们犯的是堆砌文字,抄袭章句,整篇结构不出于自然,辞藻也欠雅驯。但这种努力是中国精神的抬头,实有无穷意义。

世界建筑工程对于钢铁及化学材料之结构愈有彻底的了解,近来应用愈趋简洁。形式为部署逻辑,部署又为实际问题最美最善的答案,已为建筑艺术的抽象理想。今后我们自不能同这理想背道而驰。我们还要进一步重新检讨过去建筑结构上的逻辑,如同致力于新文学的人还要明了文言的结构文法一样。表现中国精神的途径尚有许多,"宫殿式"只是其中之一而已。

要能提炼旧建筑中所包含的中国质素,我们需增加对旧建筑结构系统及平面部署的认识。构架的纵横承托或联络,常是有机的组织,附带着才是轮廓的钝锐、彩画雕饰,及门窗细项的分配诸点。这些工程上及美术上的措施常表现着中国的智慧及美感,值得我们研究。许多平面部署,大的到一城一市,小的到一宅一园,都是我们生活思想的答案,值得我们重新剖视。我们有传统习惯和趣味：家庭组织、生活程度、工作、游息，以及烹饪、缝纫，室内的书画陈设，室外的庭院花木，都不与西人相同。这一切表现的总表现曾是我们的建筑。现在我们不必削足就履，将生活来将就欧美的部署，或张冠李戴，颠倒欧美建筑的作用。我们要创造适合于自己的建筑。

在城市街心如能保存古老堂皇的楼宇，夹道的树荫，衙署的前庭，或优美的牌坊，比较用洋灰建造卑小简陋的外国式喷水池或纪念碑实在合乎中国的身份，壮美得多。且那些仿制的洋式点缀，同欧美大理石富于雕刻美的市中心建置相较起来，太像东施效颦，有伤尊严。因为一切有传统的精神，欧美街心伟大石造的纪念性雕刻物是由希腊而罗马而文艺复兴延续下来的血统，魄力极为雄厚，造诣极高，不是我们一朝一夕所能望其项背的。我们的建筑师在这方面所需要的是参考我们自己艺术藏库中的遗宝。我们应该研究汉阙、南北朝的石刻、唐宋的经幢、明清的牌楼，以及零星碑亭、泮池、影壁、石桥、华表的部署及雕刻，加以聪明的应用。

艺术研究可以培养美感，用此驾驭材料，不论是木材、石块、化学混合物，或钢铁，都同样地可能创造富于特殊风格趣味的建筑。世界各国在最新法结构原则下造成所谓"国际式"建筑，但每个国家民族仍有不同的表现。英、美、苏、法、荷、比、北欧或日本都曾造成它们本国特殊作风，适宜于它们个别的环境及意趣。以我国艺术背景的丰富，当然有更多可以发展的方面。新中国建筑及城市设计不但可能产生，且当有惊人的成绩。

在这样的期待中,我们所应做的准备当然是尽量搜集及整理值得参考的资料。

以测量、绘图、摄影各法将各种典型建筑实物做有系统秩序的记录是必须速做的。因为古物的命运在危险中,调查同破坏力量正好像在竞赛。多多采访实例,一方面可以做学术的研究,一方面也可以促社会保护。研究中还有一步不可少的工作,便是明了传统营造技术上的法则。这好比是在欣赏一国的文学之前,先学会那一国的文学及其文法结构一样需要。所以中国现存仅有的几部术书,如宋李诫《营造法式》,清《工部工程做法则例》,乃至坊间通行的《鲁班经》等等,都必须有人能明晰地用现代图解译释内中工程的要素及名称,给许多研究者以方便。研究实物的主要目的则是分析及比较冷静地探讨其工程艺术的价值,与历代作风手法的演变。知己知彼,温故知新,已有科学技术的建筑帅增加了本国的学识及趣味,他们的创造力量自然会在不自觉中雄厚起来。这便是研究中国建筑的最大意义。

建筑的民族形式①

在近一百年以来,自从鸦片战争以来,自从所谓"欧化东渐"以来,更准确一点地说,自从帝国主义侵略中国以来,在整个中国的政治、经济、文化中,带来了一场大改变,一场大混乱。这个时期整整延续了一百零九年。在 1949 年 10 月 1 日中国的人民已向全世界宣告了这个时期的结束。另一个崭新的时代已经开始了。

过去这一百零九年的时期是什么时期呢?就是中国的半殖民地时期。这时期中国的政治经济情形是大家熟悉的,我不必在此讨论。我们所要讨论的是这个时期文化方面,尤其是艺术方面的表现。而在艺术方面我们的重点就是我们的本行方面、建筑方面。我们要检讨分析建筑艺术在这时期中的发展,如何结束,然后看:我们这新的时代的建筑应如何开始。

在中国五千年的历史中,我们这时代是一个第一伟大的时代,第一重要的时代。这不是一个改朝换姓的时代,而是一个彻

---

① 此文据手稿整理,为 1950 年 1 月 22 日,梁思成在营建学术研究会上的讲话。

底革命,在政治经济制度上彻底改变的时代。我们这一代是中国历史中最荣幸的一代,也是所负历史的任务最重大的一代。在创造一个新中国的努力中,我们这一代的每一个人都负有极大的任务。

在这创造新中国的任务中,我们在座的同仁的任务自然是创造我们的新建筑。这是一个极难的问题。老实说,我们全国的营建工作者恐怕没有一个人知道怎样去做,所以今天提出这个问题,同大家探讨一下,同大家一同努力寻找一条途径,寻找一条创造我们建筑的民族形式的途径。

我们要创造建筑的民族形式,或是要寻找创造建筑的民族形式的途径,我们先要了解什么是建筑的民族形式。

大家在读建筑史的时候,常听的一句话是"建筑是历史的反映",即每一座建筑物都忠实地表现了它的时代与地方。这句话怎么解释呢?就是当时彼地的人民会按他们生活中物质及意识的需要,运用他们原来的建筑技术的基础上,利用他们周围一切的条件去取得、选择材料来完成他们所需要的各种的建筑物。所以结果总是把当时彼地的社会背景和人们所遵循的思想体系经由物质的创造赤裸裸地表现出来。

我们研究建筑史的时候,我们对于某一个时代的作风的注意不单是注意它材料结构和外表形体的结合,而且是同时通过它见到当时彼地的生活情形、劳动技巧和经济实力、思想内容的结合,欣赏它们在渗合上的成功或看出它们的矛盾所产生的现象。

所谓建筑风格，或是建筑的时代的、地方的或民族的形式，就是建筑的整个表现。它不只是雕饰的问题，而更基本的是平面部署和结构方法的问题。这三个问题是互相牵制着的。所以寻找民族形式的途径，要从基本的平面部署和结构方法上去寻找。而平面部署及结构方法之产生则是当时彼地的社会情形之下的生活需要和技术所决定的。

依照这个理论，让我们先看看古代的几种重要形式。

第一，我们先看一个没有久远的文化传统的例子——希腊。在希腊建筑形成了它特有的风格或形式以前，整个地中海的东半已有了极发达的商业交流以及文化交流。所以在这个时期的艺术中，有许多"国际性"的特征和母题。在 Crete 岛①上有一种常见的圆窠花，与埃及所见的完全相同。埃及和亚述的凤尾草花纹是极其相似的。

当希腊人由北方不明的地区来到希腊之后，他们吸收了原有的原始民族及其艺术，费了相当长的时间把自己巩固起来。Doric order② 就是这个巩固时期的最忠实的表现。关于它的来源，推测的论说很多，不过我敢大胆地说它是许多不同的文化交流的产品，在埃及 Beni Hasan③ 的崖墓和爱琴建筑中我们都可以追溯得一些线索。它是原始民族的文化与别处文化的混血儿。但是它立刻形成了希腊的主要形式。在希腊早期，就是巩

---

① 译为克里特岛，位于地中海东部，爱琴文化起源地。
② 多里克柱式，公元前六世纪出现在希腊，外形简洁。
③ 译为贝尼哈桑，埃及中王国考古遗址。

固时期,它是唯一的形式。等到希腊民族在希腊半岛上渐渐巩固起来之后,才渐渐放胆与远方来往。这时期的表现就是 Ionic 和 Corinthian order① 之出现与使用,这两者都是由地中海东岸传入希腊的。当时的希腊人毫不客气地东拉西扯地借取别的文化果实,并且由他们本来的木构型成改成石造。他们并没有创造自己民族艺术的意思,但因为他们善于运用自己的智慧和技能,使它适合于自己的需要,使它更善更美,他们就创造了他们的民族形式。这民族形式不只是表现在立面上。假使你看一张希腊建筑平面图,它的民族特征是同样的显著而不会被人错认的。其次,我们可以看一个接受了已有文化传统的建筑形式——罗马。罗马人在很早的时期已受到希腊文化的影响,并且已有了相当进步的工程技术。等到他们强大起来之后,他们就向当时艺术水平最高的希腊学习,吸收了希腊的格式,以适应于他们自己的需要。他们将希腊和 Etruscan② 的优点联合起来,为适应他们更进一步的生活需要,以高水准的工程技术,极谨慎的平面部署,极其华丽丰富的雕饰,创造了一种前所未有的建筑形式。(举例:Bath of Caracalla,Colosseum③)。

我们可以再看一个历史的例子——法国的文艺复兴。在十五世纪末叶,法王查理七世、路易十二世、弗朗西斯一世多次地

---

① 译为爱奥尼和科林斯柱式,古希腊常见柱式,前者秀美优雅,后者更细,装饰性更强。

② 译为伊特鲁里亚,位于意大利。

③ 译为卡拉卡拉浴场、角斗场。

侵略意大利，在军事政治上虽然失败，但是文化的收获却甚大。当时的意大利是全欧文化的中心，法国的人对它异常地倾慕，所以不遗余力地去模仿。但是当时法兰西已有了一种极成熟的建筑，正是 Gothic① 建筑火焰纹时期的全盛时代，他们已有了根深蒂固的艺术和技术的传统，更加以气候之不同，所以在法国文艺复兴初期，它的建筑仍然从骨子里是本土的、民族的。大面积的窗子，陡峻的屋顶，以及他们生活所习惯的平面部署，都是法兰西气候所决定的。一直到了十七世纪，法国的文艺复兴式建筑对于罗马古典样式已会极娴熟地应用，成熟了它法国的一个强有民族性的样式。但是他们并不是故意地为发扬民族精神而那样做，而是因为他们的建筑师们能采纳吸收他们所需要的美点，以适应他们自己的条件、材料、技术和环境。

历史上民族形式的形成都不是有意创造出来的，而是经过长期的演变而形成的。其中一个主要的原因就是当时的艺术创造差不多都是不自觉的，一切都在不自觉中形成。

但是自从十九世纪以来，因为史学和考古学之发达，因为民族自觉性之提高，环境逼迫着建筑师们不能如以往地"不识不知"地运用他所学得的，唯一的方法是去创造。在十九世纪中，考古学的智识引诱着建筑师自觉地去仿古或集古；第一次世界大战以后许多极端主义的建筑师却否定了一切传统。每一个建筑师在设计的时候，都在自觉地创造他自己的形式，这是以往所没有现象。个人自由主义使近代的建筑成为无纪律的表现。每

---

① 译为哥特。

一座建筑物本身可能是一件很好的创作，但是事实上建筑物是不能脱离了环境而独善其身的。结果使得每一个城市成为一个千奇百怪的假古董摊，成了一个建筑奇装跳舞会。请看近来英美建筑杂志中多少优秀的作品，在它单独本身上的优秀作品，都是在高高的山崖上、葱幽的密林中，或是无人的沙漠上。这充分表明了个人自由主义的建筑之失败，它经不起城市环境的考验，只好逃避现实，脱离群众，单独地去寻找自己的世外桃源。

　　在另一方面，资本主义的土地制度使资本家将地皮切成小方块，一块一块地出卖，唯一的目的在利润，使得整个城市成为一张百衲被，没有秩序，没有纪律。

　　十九世纪以来日益发达的交通，把欧美的建筑病传染到中国来了。在一个多世纪的长期间，中国人完全失掉了自信心，一切都是外国的好，养成了十足的殖民地心理。在艺术方面丧失了鉴别的能力，一切的标准都乱了，把家里的倪云林①或沈石田②丢掉，而挂上一张太古洋行的月份牌。建筑师们对于本国的建筑毫无认识，把在外国学会的一套罗马式、文艺复兴式硬生生地搬到中国来。这还算是好的。至于无数的店铺，将原有壮丽的铺面拆掉，改做洋式门面，不能取得洋式的精华，只抓了一把渣滓，不是在旧基础上再取得营养，而是把自己的砸了又拿不到人家的好东西，彻底地表现了殖民地的性格。这一百零九年可耻的时代，赤裸裸地在建筑上表现了出来。

---

　　①　即倪瓒，号云林子，元末明初画家，善水墨山水，"元四家"之一。
　　②　即沈周，号石田，明代书画家，"明四家"之一。

在 1920 年前后,有几位做惯了"集仿式"(eclecticism)的欧美建筑师,居然看中了中国建筑也有可取之处,开始用他们做各种样式的方法,来做他们所谓"中国式"的建筑。他们只看见了中国建筑的琉璃瓦顶,金碧辉煌的彩画,千变万化的窗格子。做得不好的例子是他们就盖了一座洋楼,上面戴上琉璃瓦帽子,檐下画了些彩画,窗上加了些菱花。也许脚底下加了一个汉白玉的须弥座。不伦不类,犹如一个穿西装的洋人,头戴红缨帽,胸前挂一块缙子,脚上穿一双朝靴,自己以为是一个中国人!(中山陵 dentils① 太大,交通部垫板,有台无台,上七下八的 proportion②,协和医院,救世军,都是这一类的例子。)燕京大学学得比较像一点,却是请你去看:有几处山墙上的窗子,竟开到柱子里去了。南京金陵大学的柱头上却与斗拱完全错过。这真正是皮毛的、形式主义的建筑。中国建筑的基本特征他们丝毫也没有抓住。在南京,在上海,有许多建筑师也卷入了这个潮流,虽然大部分是失败的,但也有几处差强人意的尝试。

现在那个时期已结束了,一个新的时代正在开始。我们从事于营建工作的人,既不能如古代的匠师们那样不自觉地做,又不能盲目地做宫殿式的仿古建筑,又不应该无条件地做洋式建筑。怎么办呢?我们唯有创造我们自己的民族形式的建筑。

我们创造的方向,在共同纲领③第四十一条中已为我们指

---

① 译为建筑中的齿饰。梁思成对中山陵的评论另见《中国建筑史》。
② 译为比例。
③ 指 1949 年《中华人民政治协商会议共同纲领》。

出："中华人民共和国的文化教育为新民主主义的,即民族的、科学的、大众的文化教育。"我们的建筑就是"新民主主义的,即民族的、科学的、大众的建筑"。这是我们的纲领,是我们的方向,我们必须使其实现。怎样地实现它就是我们的大问题。

从建筑学的观点上看,什么是民族的、科学的、大众的? 我们可以说:有民族的历史——艺术、技术的传统,用合理的、现代工程科学的设计技术与结构方法,为适应人民大众生活的需要的建筑就是民族的、科学的、大众化的建筑。这三个方面乍看似各不相干,其实是互相密切地关联、难于分划的。

在设计的程序上,我们须将这次序倒过来。我们第一步要了解什么是大众的,就是人民的需要是什么,人民的生活方式是什么样的,他们在艺术的、美感的方面的需要是什么样的。在这里我们营建工作者担负了一个重要的任务,一个繁重困难的任务。这任务之中充满了矛盾。

一方面我们要顺从人民的生活习惯,使他们的居住的环境适合于他们的习惯。在另一方面,生活中有许多不良习惯,尤其是有碍卫生的习惯,我们不惟不应去顺从它,而且必须在设计中去纠正它。建筑虽然是生活方式的产品,但是生活方式也可能是建筑的产品。它们有互相影响的循环作用。因此,我们建筑师手里便掌握了一件强有力的工具,我们可以改变人民的生活习惯,可以将它改善,也可以助长恶习惯,或延长恶习惯。

但是生活习惯之中,除去属于卫生健康方面者外,大多是属于社会的,我们难于对它下肯定的批判。举例说:一直到现在有多数人民的习惯还是大家庭,祖孙几代,兄弟妯娌几多房住在一起。它有封建意味,会养成家族式的小圈子。但是在家族中每个人的政治意识提高之后,这种小圈子便不一定是不好的。假使这一家是农民,田地都在一起,我们是应当用建筑去打破他们的家庭,抑或去适应他们的习惯?这是应该好好考虑的。又举一个例:中国人的菜是炒的,必须有大火苗。若将厨房电气化,则全国人都只能吃蒸的、煮的、熬的、烤的菜,而不能吃炒菜,这是违反了全中国人的生活习惯的。我个人觉得必须去顺从它。

现在这种生活习惯一方面继续存在,其中一部分在改变中,有些很急剧,有些很迟缓,另有许多方面可能长久地延续下去。做营建工作者必须了解情况,用我们的工具,尽我们之可能,去适应而同时去改进人民大众的生活环境。

这一步工作首先就影响到设计的平面图。假使这一步不得到适当的解决,我们就无从创造我们的民族形式。

科学化的建筑首先就与大众化不能分离的。我们必须根据人民大众的需要,用最科学化的方法部署平面。次一步按我们所能得到的材料,用最经济、最坚固的结构方法将它建造起来。在三个方面中,这方面是一个比较单纯的技术问题。我们须努力求其最科学的,忠于结构的技术。

在达到上述两项目的之后,我们才谈得到历史、艺术和技术的传统。建筑艺术和技术的传统又是与前两项分不开的。

在平面的部署上,我们有特殊的民族传统。中国的房屋由极南至极北,由极东到极西,都是由许多座建筑物,四面围绕着一个院子而部署起来的。它最初无疑地是生活的需要所形成。形成之后,它就影响到生活的习惯,成为一个传统。陈占祥先生分析中国建筑的部署,他说,每一所宅子是一个小城,每一个城市是一个大宅子。因为每一所宅子都是多数单座建筑配合组成的,四周绕以墙垣,是一个小规模的城市,而一个城市也是用同一原则组成的。这种平面部署就是我们基本民族形式之一重要成分。它是否仍适合于今日生活的需求,今日生活的需求可否用这个传统部署予以合理适当的解决,这是我们所要知道的。

其次是结构的问题。中国建筑结构之最基本特点在使用构架法。中国建筑系统之所以能适用于南北极端不同之气候,就因为这种结构法所给予它在墙壁门窗分配比例上以几乎无限制的灵活运用的自由。它影响到中国建筑的平面部署。凑巧的,现代科学所产生的 reinforced concrete① 及钢架建筑的特征就是这个特征。但这所用材料不同,中国旧的是木料,新的是 reinforced concrete 及钢架,在这方面,我们怎样将我们的旧有特征用新的材料表现出来? 这种新的材料和现代生活的需要,将影响到我们新建筑的层数和外表。新旧之间有基本相同之点,但在施工技术上又有极大的距离。我们将如何运用和利用这个基本相同之点,以产生我民族形式的骨干,这是我们所必须注意的。在外国人所做中国式建筑中,能把握这个要点的唯有北海北京图书馆,但是仿古的气味仍极浓厚。我们应该寻找自己恰到好处的标准。

---

①　译为钢筋混凝土。

第二课　古建风姿

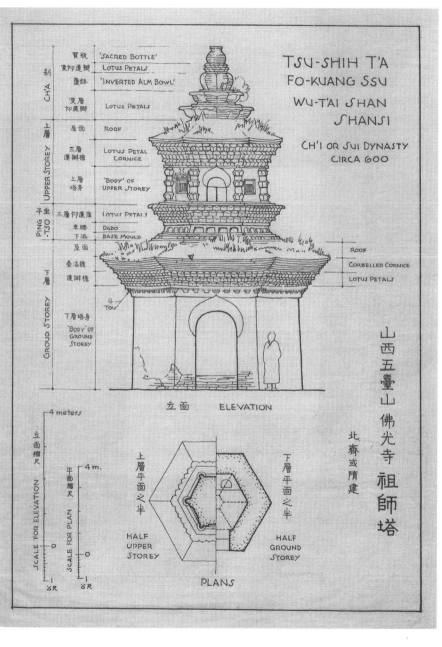

TSU-SHIH T'A
FO-KUANG SSU
WU-T'AI SHAN
SHANSI

CH'I OR SUI DYNASTY
CIRCA 600

山西五臺山 佛光寺 祖師塔

北齊或隋建

CHA / 刹

寶瓶	'Sacred Bottle'
覆仰蓮瓣	Lotus Petals
覆缽	'Inverted Alm Bowl'
雙層仰蓮瓣	Lotus Petals

UPPER STOREY / 上層

屋面	Roof
三層蓮瓣檐	Lotus Petal Cornice
上層塔身	'Body' of Upper Storey

PING-TSO / 平坐

三層仰蓮座	Lotus Petals
束腰	Dado
下澀	Base Mould

GROUND STOREY / 下層

屋面	
疊澀檐	
蓮瓣檐	
	4 Tou
下層塔身	'Body' of Ground Storey

ROOF
CORBELLED CORNICE
LOTUS PETALS

立面   ELEVATION

4 meters

立面縮尺
SCALE FOR ELEVATION

4 m.

平面縮尺
SCALE FOR PLAN

0
1
8'R

0
1
8'R

上層平面之半
HALF UPPER STOREY

下層平面之半
HALF GROUND STOREY

PLANS

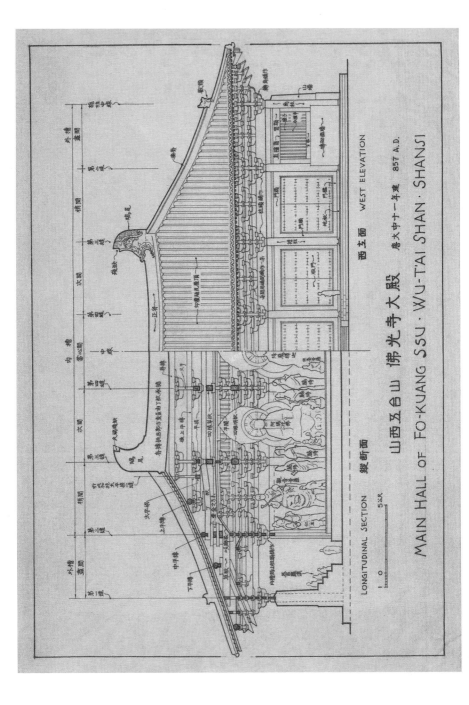

山西五台山 佛光寺大殿 唐大中十一年建 857 A.D.

MAIN HALL OF FO·KUANG SSU · WU·T'AI SHAN · SHANSI

西立面　WEST ELEVATION

縱斷面　LONGITUDINAL SECTION

5公尺

平郊建筑杂录(节选)①

北平四郊近二三年间建筑遗物极多,偶尔郊游,触目都是饶有趣味的古建。其中辽金元古物虽然也有,但是大部分还是明清的遗构,有的是煊赫的名胜,有的是消沉的痕迹;有的按期受成群的世界游历团的赞扬,有的只偶尔受诗人们的凭吊,或画家的欣赏。

这些美的存在,在建筑审美者的眼里,都能引起特异的感觉,在"诗意"和"画意"之外,还使他感到一种"建筑意"的愉快。这也许是个狂妄的说法——但是,甚么叫作"建筑意"? 我们很可以找出一个比较近理的含义或解释来。

顽石会不会点头,我们不敢有所争辩,那问题怕要牵涉到物理学家。但经过大匠之手艺、年代之磋磨,有一些石头的确是会蕴含生气的。天然的材料经人的聪明建造,再受时间的洗礼,成美术与历史地理之和,使它不能不引起赏鉴者一种特殊的性灵的融会、神志的感触,这话或者可以算是说得通。

---

① 本文为梁思成与林徽因合作。原第四节为《天宁寺塔建筑年代之鉴别问题》,因所涉过于专业,故在编录时截去。

无论哪一个巍峨的古城楼，或一角倾颓的殿基的灵魂里，无形中都在诉说，乃至于歌唱时间上漫不可信的变迁；由温雅的儿女佳话，到流血成渠的杀戮。他们所给的"意"的确是"诗"与"画"的。但是建筑师要郑重郑重地声明，那里面还有超出这"诗""画"以外的"意"存在。眼睛在接触人的智力和生活所产生的一个结构，在光影可人中，和谐的轮廓，披着风露所赐与的层层生动的色彩；潜意识里更有"眼看他起高楼，眼看他楼塌了"凭吊与兴衰的感慨；偶然更发现一片，只要一片，极精致的雕纹，一位不知名匠师的手笔，请问那时锐感，即不叫它作"建筑意"，我们也得要临时给它制造个同样狂妄的名词，是不？

建筑审美可不能势利的。大名煊赫，尤其是有乾隆御笔碑石来赞扬的，并不一定便是宝贝；不见经传，湮没在人迹罕到的乱草中间的，更不一定不是一位无名英雄。以貌取人或者不可，"以貌取建"却是个好态度。北平近郊可经人以貌取舍的古建筑实不在少数。摄影图录之后，或考证它的来历，或由村老传说中推测它的过往，可以成一个建筑师为古物打抱不平的事业，和比较有意思的夏假消遣。而他的报酬便是那无穷的"建筑意"的收获。

一、卧佛寺的平面

说起受帝国主义的压迫，再没有比卧佛寺委屈的了。卧佛寺的住持智宽和尚，前年偶同我们谈天，用"叹息痛恨于桓灵"

的口气告诉我,他的先师老和尚,如何如何地与青年会订了合同,以每年一百元的租金,把寺的大部分租借了二十年,如同胶州湾、辽东半岛的条约一样。

其实这都怪那佛一觉睡几百年不醒,到了这危难的关点,还不起来给老和尚当头棒喝,使他早早觉悟,组织个佛教青年会西山消夏团。虽未必可使佛法感化了摩登青年,至少可藉以繁荣了寿安山……不错,那山叫寿安山……又何至等到今年五台山些少的补助,总能修葺开始残破的庙宇呢!

我们也不必怪老和尚,也不必怪青年会……其实还应该感谢青年会。要是没有青年会,今天有几个人会知道卧佛寺那样一个山窝子里的去处? 在北方——尤其是北平——上学的人,大半都到过卧佛寺。一到夏天,各地学生们,男的、女的,谁不愿意来消消夏,爬山,游水,骑驴,多么优哉游哉。据说每年夏令会总成全了许多爱人儿的心愿,想不到睡觉的释迦牟尼,还能在梦中代行月下老人的职务,也真是佛法无边了。

从玉泉山到香山的马路,快近北辛村的地方,有条岔路忽然转北上坡的,正是引导你到卧佛寺的大道。寺是向南,一带山屏障似的围住寺的北面,所以寺后有一部分渐高,一直上了山脚。在最前面,迎着来人的,是寺的第一道牌楼,那还在一条柏荫夹道的前头。当初这牌楼是什么模样,我们大概还能想象,前人做的事虽不一定都比我们强,却是关于这牌楼大概无论如何他们要比我们大方得多。现有的这座只说它不顺眼已算十分客气,不知哪一位和尚化来的酸缘,在破碎的基上,竖了四根小柱子,上面横钉了几块板,就叫它作牌楼。这算是经济萎衰的间接表现,还是宗教力渐弱的直接表现?一时我还不能答复。

顺着两行古柏的马道上去,骤然间到了上边,才看见另外的鲜明的一座琉璃牌楼在眼前。汉白玉的须弥座,三个汉白玉的圆门洞,黄绿琉璃的柱子,横额、斗拱、檐瓦。如果你相信一个建筑师的自言自语,"那是乾嘉间的做法"。至于《日下旧闻考》所记寺前为门的如来宝塔,却已不知去向了。

琉璃牌楼之内,有一道白石桥,由半月形的小池上过去。池的北面和桥的旁边,都有精致的石栏杆,现在只余北面一半,南面的已改成洋灰抹砖栏杆。这也据说是"放生池",里面的鱼,都是"放"的。佛寺前的池,本是佛寺的一部分,用不着我们小题大做地讲。但是池上有桥,现在虽处处可见,但它的来由却不见得十分古远。在许多寺池上,没有桥的却较占多数。至于池的半月形,也是个较近的做法,古代的池大半都是方的。池的用途多是放生、养鱼。但是刘士能先生①告诉我们说,南京附近有一处律宗的寺,利用山中溪水为月牙池,和尚们每斋都跪在池边吃,风雪无阻,吃完在池中洗碗。幸而卧佛寺的和尚们并不如律宗的苦行,不然放生池不惟不能放生,怕还要变成脏水坑了。

与桥正相对的是山门。山门之外,左右两旁,是钟鼓楼,从前已很破烂,今年忽然大大地修整起来,连角梁下失去的铜铎,也用二十一号的白铅铁焊上,油上红绿颜色,如同东安市场的国

---

① 即刘敦桢,字士能,建筑学家,其时与梁思成同为中国营造学社成员。

货玩具一样地鲜明。

山门平时是不开的,走路的人都从山门旁边的门道出入。入门之后,迎面是一座天王殿,里面供的是四天王,就是四大金刚,东西梢间各两位对面侍立,明间面南的是光肚笑嘻嘻的阿弥陀佛,面北合十站着的是韦驮。

再进去是正殿,前面是月台,月台上(在秋收的时候)铺着金黄色的老玉米,像是专替旧殿着色。正殿五间,供三位喇嘛式的佛像。据说正殿本来也有卧佛一躯,雍正还看见过,是旃檀佛像,唐太宗贞观年间的东西。却是到了乾隆年间,这位佛大概睡醒了,不知何时上哪儿去了。只剩了后殿那一位,一直睡到如今,还没有醒。

从前面牌楼一直到后殿,都是建立在一条中线上的。这个在寺的平面上并不算稀奇,罕异的却是由山门之左右,有游廊向东西,再折而向北,其间虽有方丈客室和正殿的东西配殿,但是一气连接,直到最后面又折而东西,回到后殿左右。这一周的廊,东西(连山门和后殿算上)十九间,南北(连方丈配殿算上)四十间,成一个大长方形。中间虽立着天王殿和正殿,却不像普通的庙殿,将全寺用"四合头"式前后分成几进。这是少有的。在这点上,本刊上期刘士能先生在智化寺调查记中说:"唐宋以来有伽蓝①七堂之称。唯各宗略有异同,而同在一宗,复因地域环境,互相增省……"现在卧佛寺中院,除去最后的后殿外,前面各堂为数适七,虽不敢说这足七堂之例,但可藉此略窥制

————————

① 伽蓝:寺院。

度耳。

这种平面布置,在唐宋时代很是平常,敦煌画壁里的伽蓝都是如此布置,在日本各地也有飞鸟平安时代这种的遗例。在北平一带(别处如何未得详究),却只剩这一处唐式平面了。所以人人熟识的卧佛寺,经过许多人用帆布床"卧"过的卧佛寺游廊,是还有一点新的理由,值得游人将来重加注意的。

卧佛寺各部殿宇的立面(外观)和断面(内部结构)却都是清式中极规矩的结构,用不着细讲。至于殿前伟丽的娑罗宝树和树下消夏的青年们所给予你的是什么复杂的感觉,那是各人的人生观问题,建筑师可以不必参加意见。事实极明显的,如东院几进宜于消夏乘凉;西院的观音堂总有人租住;堂前的方池——旧籍中无数记录的方池——现在已成了游泳池,更不必赘述或加任何的注解。

"凝神映性"的池水,用来做锻炼身体之用,在青年会道德观之下,自成道理——没有康健的身体,焉能有康健的精神?或许!或许!但怕池中的微生物杂菌不甚懂事。

池的四周原有精美的白石栏杆,已拆下叠成台阶,做游人下池的路。不知趣的、容易伤感的建筑师,看了又一阵心酸。其实这不算稀奇,中世纪的教皇们不是把古罗马时代的庙宇当石矿用,采取那石头去修"上帝的房子"吗?这台阶——栏杆——或也不过是将原来离经叛道"崇拜偶像者"的迷信废物,拿去为上帝人道尽义务。"保存古物",在许多人听去当是一句迂腐的废话。"这年头!这年头!"每个时代都有些人在没奈何时,喊着这句话出出气。

二、法海寺门与原先的居庸关

　　法海寺在香山之南,香山通八大处马路的西边不远。一个很小的山寺,谁也不会上那里去游览的。寺的本身在山坡上,寺门却在寺前一里多远山坡底下。坐汽车走过那一带的人,怕绝对不会看见法海寺门一类无系轻重的东西的。骑驴或走路的人,也很难得注意到在山谷碎石堆里那一点小建筑物。尤其是由远处看,它的颜色和背景非常相似。因此看见过法海寺门的人,我敢相信一定不多。

　　特别留意到这寺门的人,却必定有。因为这寺门的形式是与寻常的极不相同:有圆拱门洞的城楼模样,卜边却顶着一座喇嘛式的塔——一个缩小的北海白塔。这奇特的形式,不是中国建筑里所常见。

　　这圆拱门洞是石砌的。东面门额上题着"敕赐法海禅寺",旁边陪着一行"顺治十七年夏月吉日"的小字。西面额上题着三种文字,其中看得懂的中文是"唵巴得摩乌室尼渴华麻列哗畝吒",其他两种或是满蒙各占其一个。走路到这门下,疲乏之余,读完这一行题字也就觉得轻松许多!

　　门洞里还有隐约的画壁,顶卜一部分居然还勉强剩出一点颜色来。由门洞西望,不远便是一座石桥,微拱地架过一道山沟,接着一条山道直通到山坡上寺的本身。

门上那座塔的平面略似十字形而较复杂。立面分多层,中间束腰石色较白,刻着生猛的浮雕狮子。在束腰上枋以上,各层重叠像阶级,每级每面有三尊佛像。每尊佛像带着背光,成一浮雕薄片,周围有极精致的琉璃边框。像脸不带色釉,眉目口鼻均伶俐秀美,全脸大不及寸余。座上便是塔的圆肚,塔肚四面四个浅龛,中间坐着浮雕造像,刻工甚俊。龛边亦有细刻。更上是相轮(或称刹),刹座刻作莲瓣,外廓微作盆形,底下还有小方十字座。最顶尖上有仰月的教徽。仰月徽去夏还完好,今秋已掉下。据乡人说是八月间大风雨吹掉的,这塔的破坏于是又进了一步。

这座小小带塔的寺门,除门洞上面一围砖栏杆外,完全是石造的。这在中国又是个少有的例。现在塔座上斜长着一棵古劲的柏树,为塔门增了不少的苍姿,更像是做它的年代的保证。为塔门保存计,这种古树似要移去的。怜惜古建的人到了这里真是彷徨不知所措;好在在古物保存如许不周到的中国,这忧虑未免神经过敏!

法海寺门特点却并不在上述诸点,石造及其年代等等,主要的却是它的式样与原先的居庸关相类似。从前居庸关上本有一座塔的,但因倾颓已久,无从考其形状。不想在平郊竟有这样一个发现。虽然在《日下旧闻考》里法海寺只占了两行不重要的位置,一句轻淡的"门上有小塔",在研究居庸关原状的立脚点看来,却要算个重要的材料了。

三、杏子口的三个石佛龛

由八大处向香山走,出来不过三四里,马路便由一处山口里开过。在山口路转第一个大弯,向下直趋的地方,马路旁边,微偻的山坡上,有两座小小的石亭。其实也无所谓石亭,简直就是两座小石佛龛。两座石龛的大小稍稍不同,而它们的背面却同是不客气地向着马路。因为它们的前面全是向南,朝着另一个山口——那原来的杏子口。

在没有马路的时代,这地方才不愧称作山口。在深入三四十尺的山沟中,一道唯一的蜿蜒险狭的出路;两旁对峙着两堆山,一出口则豁然开朗一片平原田壤,海似的半铺着,远处浮出同孤岛一般的玉泉山,托住山塔。这杏子口的确有小规模的"一夫当关,万夫莫敌"的特异形势。两石佛龛既据住北坡的顶上,对面南坡上也立着一座北向的相似的石龛,朝着这山口。由石峡底下的杏子口往上看,这三座石龛分峙两崖,虽然很小,却顶着一种超然的庄严,镶在碧澄澄的天空里,给辛苦的行人一种神异的快感和美感。

现时的马路是在北坡两龛背后绕着过去,直趋下山。因其逼近两龛,所以驰车过此地的人,绝对要看到这两个特别的石亭子的。但是同时因为这山路危趋的形势,无论是由香山西行,还是从八大处东去,谁都不愿冒险停住快驶的汽车去细看这么几个石佛龛子。于是多数过路车客,全都遏制住好奇爱古的心,冲过去便算了。

假若作者是个细看过这石龛的人，那是因为他是例外，遏止不住他的好奇爱古的心，在冲过便算了不知多少次以后发誓要停下来看一次的。那一次也就不算过路，却是带着照相机去专程拜谒；且将车驶过那危险的山路停下，又步行到龛前后去瞻仰风采的。

在龛前，高高地往下望看那刻着几百年车辙的杏子口石路，看一个小泥人大小的农人挑着担过去，又一个戴朵鬓花的老婆子，夹着黄色包袱，弯着背慢慢地踱过来，才能明白这三座石龛本来的使命。如果这石龛能够说话，它们或不能告诉得完它们所看过经过杏子口底下的图画——那时一串骆驼正在一个跟着一个地，穿出杏子口转下一个斜坡。

北坡上这两座佛龛是并立在一个小台基上，它们的结构都是由几片青石片合成（每面墙是一整片，南面有门洞，屋顶每层檐一片）。西边那座龛较大，平面约一米余见方，高约二米，重檐，上层檐四角微微翘起，值得注意。东面墙上有历代的刻字，跑着的马，人脸的正面，等等，其中有几个年月人名，较古的有"承安五年四月二十三日到此"，和"至元九年六月十五日□□□贾智记"。承安是金章宗年号，五年是公元 1200 年。至元九年是元世祖的年号，元顺帝的至元到六年就改元了，所以是公元 1272 年。这小小的佛龛，至迟也是金代遗物，居然在杏子口受了七百年以上的风雨，依然存在。当时巍然顶在杏子口北崖上的神气，现在被煞风景的马路贬到盘坐路旁的谦抑，但它们的老资格却并不因此减损，那种倚老卖老的倔强，差不多是傲慢冥顽了。西面墙上有古拙的画——佛像和马。那佛像的样子，骤看竟像美洲土人的 totem-pole①。

龛内有一尊无头趺坐的佛像，虽像身已裂，但是流利的衣褶纹，还有南宋期的遗风。

台基上东边的一座较小，只有单檐，墙上也没字画。龛内有小小无头像一躯，大概是清代补做的。这两座都有苍绿的颜色。

台基前面有宽二米、长四米余的月台，上面的面积勉强可以叩拜佛像。

南崖上只有一座佛龛，大小与北崖上小的那座一样。三面做墙的石片，已成淳厚的深黄色，像淳美的烟叶。西面刻着双钩的"南"字，南面"无"字，东面"佛"字，都是径约八十厘米。北面开门，里面的佛像已经失了。

这三座小龛，虽不能说是真正的建筑遗物，也可以说是与建筑有关的小品。不只诗意画意都很充足，"建筑意"更是丰富，实在值得停车一览。至于走下山坡到原来的杏子口里往上真真瞻仰这三龛本来庄严峻立的形势，更是值得。

关于北平掌故的书里，还未曾发现有关于这三座石佛龛的记载。好在对于它们年代的审定，因有墙上的刻字，已没有什么难题。所可惜的是它们渺茫的历史无从参考出来，为我们的研究增些趣味。

---

① 译为图腾柱。

法海寺塔门　　　　　　　　　　法海寺门上塔

杏子口北崖石佛龛　　　　　　　杏子口南崖石佛龛

西龛东面刻字

西龛西面刻画

应县木塔考查手记①

一

……大同工作已完,除了华严寺处,都颇详尽。今天是到大同以来最疲倦的一天,然而也就是最近于道途应县的一天了,十分高兴。明晨七时由此搭公共汽车赴岱,由彼换轮车"起早",到即电告。你走后我们大感工作不灵,大家都用愉快的意思回忆和你各处同作的畅顺,悔惜你走得太早。我也因为想到我们和应塔特殊的关系,悔不把你硬留下同去瞻仰。家里放下许久实在不放心,事情是绝对没有办法,可恨。应县工作约四五日可完,然后再赴×县……

---

① 此文从林徽因所作《闲谈关于古建筑的一点消息》中摘出,为梁思成致林徽因的书信节选,题目为编者所拟。

二

昨晨七时由同乘汽车出发，车还新，路也平坦，有时竟走到每小时五十里的速度，十时许到岱岳。岱岳是山阴县一个重镇，可是雇车费了两个钟头才找到，到应县时已八点。

离县二十里已见塔，由夕阳返照中见其闪烁，一直看到它成了剪影，那算是我对于这塔的拜见礼。在路上因车摆动太甚，稍稍觉晕，到后即愈。县长养有好马，回程当借匹骑走，可免受晕车苦罪。

……

今天正式地去拜见佛宫寺塔，绝对的 overwolming①，好到令人叫绝，喘不出口气来半天！

塔共有五层，但是下层有副阶（注：重檐建筑之次要一层，宋式谓之副阶），上四层，每层有平坐（实算共十层），因梁架斗拱之间，每层须量俯视、仰视、平面各一，共二十个平面图要画，塔平面是八角，每层须做一个正中线和一个斜中线的断面。斗拱不同者三四十种，工作是意外地繁多，意外地有趣，未来前的"五天"工作预示恐怕不够太多。

塔身之大，实在惊人。每面三开间，八面完全同样。我的第一个感触，便是可惜你不在此同我享此眼福，不然我真不知你要几休投地地倾倒！回想在大同普化寺暮色里面向着塑像瞪目咋

---

① 译为无法抗拒的。

舌的情形,使我愉快得不愿忘记那一刹那人生稀有的,由审美本能所触发的锐感。尤其是同几个兴趣同样的人,在同一个时候浸在那锐感里边。士能忘情时那句"如果元明以后有此精品,我的刘字倒挂起来了",我时常还听得见。这塔比起大同诸殿更加雄伟,单是那高度已可观。士能很高兴他竟听我们的劝说没有放弃这一处同来看看,虽然他要不待测量先走了。

应县是个小小的城,是一个产盐区。在地下掘下不深就有咸水,可以煮盐,所以是个没有树的地方,在塔上看全城,只数到十四棵不很高的树!

工作繁重,归期怕要延长得多,但一切吃住都还舒适,住处离塔亦不远,请你放心……

三

士能已回,我同莫君①留此详细工作,离家已将一月却似更久,想北平正是秋高气爽的时候。非常想家!

相片已照完,十层平面全量了,并且非常精细,将来誊画正图时可以省事许多。明天起,量斗拱和断面,又该飞檐走壁了。我的腿已有过厄运,所以可以不怕。现在做熟了,希望一天可以做两层,最后用仪器测各檐高度和塔刹,三四天或可竣工。

这塔真是个独一无二的伟大作品。不见此塔,不知木构的可能性到了什么程度。我佩服极了,佩服建造这塔的时代,和那

① 即莫宗江,建筑史学家,梁思成的主要助手、学生。

时代里不知名的大建筑师、不知名的匠人。

这塔的现状尚不坏,虽略有朽裂处。八百七十余年的风雨它不动声色地承受了,并且它还领教过现代文明:民国十六、七年间冯玉祥攻山西时,这塔曾吃了不少的炮弹,痕迹依然存在,这实在叫我脸红。第二层有一根泥道拱竟为打去一节,第四层内部阑额内尚嵌着一弹未经取出,而最下层西面两檐柱都有碗口大小的孔,正穿通柱身,可谓无独有偶。此外枪孔无数,幸而尚未打倒,也算是这塔的福气。现在应县人士有捐钱重修之议,将来回平后将不免为他们奔走一番,不用说动工时还须再来应县一次。

✕县至今无音信,虽然前天已发电去询问,若两三天内回信来,与大同诸寺略同则不去,若有唐代特征如人字拱(!)鸱尾等等,则一步一磕头也要去的!……

四

……这两天工作颇顺利,塔第五层,即顶层的横断面已做了一半,明天可以做完。断面做完之后将有顶上之行,实测塔顶相轮之高,然后楼梯、栏杆、槅扇的详样,然后用仪器测全高及方向,然后抄碑,然后检查损坏处以备将来修理。我对这座伟大建筑物目前的任务,便暂时告一段落了。

今天工作将完时,忽然来了一阵"不测的风云"。在天晴日美的下午五时前后狂风暴雨,雷电交作。我们正在最上层梁架上,不由得不感到自身的危险,不单是在二百八十多尺高将近千年的木架上,而且紧在塔顶铁质相轮之下,电母风伯不见得会讲特别交情。我们急着爬下,则见实测记录册子已被吹开,有一页已飞到栏杆上了。若再迟半秒钟,则十天的工作有全部损失的危险。我们追回那一页后,疾步下楼,约五分钟到了楼下,却已有一线骄阳,由蓝天云隙里射出,风雨雷电已全签了停战协定了。我抬头看塔仍然存在,庆祝它又避过了一次雷打的危险,在急流成渠的街道(?)上回到住处去。

我在此每天除爬塔外,还到××斋看了托我买信笺的那位先生。他因生意萧条,现在只修理钟表而不照相了……

探访正定古建筑①

"榆关变后还不见有什么动静,滦东形势还不算紧张,要走还是趁这时候走。"朋友们总这样说,所以我带着绘图生莫宗江和一个仆人,于四月十六日由前门西站出发,向正定去。平汉车本来就糟,七时十五分的平石通车更糟,加之以"战时"情形之下,其糟更不可言。沿途接触的都是些武装同志,全车上买票的只有我们,其余都是用免票"因公"乘车的健儿们。

车快到涿州,已经缓行,在铁路的西边五六十米,忽见一堆惹人注目的小建筑物。围墙之内在主要中线上;前面有耸起的塔,后面有高起的台基,上有出檐深远歇山的正殿;两山没有清式通用的山花板,而有悬鱼;塔之前有发券的三座门。我正在看得高兴,车已开过了这一堆可爱的小建筑,而在远处突然显出涿州的城墙,不到一分钟,车已进站停住,窗前只是停在那里的货车和车上的军需品。回程未得在此停留,回来后在《畿辅通志》卷一七九翻得"普寿寺在州东三里,浮图高十丈,石台高二

---

① 本篇由《正定古建筑调查纪略》中摘出,为梁思成考查正定古建的经过,题目为编者所拟。

丈……"，又曰"一名清凉寺，在城东北三里，地名北台，浮图石台俱存……中有万历时碑记，传为宋太祖毓灵之所云"。

车过保定，下去了许多军人，同时又上来了不少，其中有一位八十八师的下级军官，我们自然免不了谈些去年一·二八的战事。

下午五时到正定，我和那位同座的军官告别下车。为了作便利计，我们雇了车直接向东门内的大佛寺去。离开了车站两三里，穿过站前的村落，又走过田野，我们已来到小北门外，洋车拉下了干枯的护城河，又复拉上，然后入门。进城之后，依然是一样的田野，并没有丝毫都市模样。车在不平的路上，穿过青绿的菜田，渐渐地走近人烟比较稠密的部分。过些时左边已渐繁华，右边仍是菜圃。在东（左）边我们能看见远处高大的绿色琉璃庑殿顶，东南极远处有似瞭望台的高建筑物。顺着地平由左向右看（由东而南而西），更有教堂的塔尖、八角形的塔（那是在照片里已瞻仰过的天宁寺木塔）、绿色琉璃屋顶、和四方形的开元寺砖塔，由其他较低的屋顶上耸出。这是我所要研究的正定及其主要建筑物的全景。我因在进城后几分钟内所得到的印象，才恍然大悟正定城之大出乎意料之外。但是当时我却不知在我眼前这一大片连接栉比屋舍之中，还蕴藏着许多宝贝。

在正定的街市上穿过时最惹我注目的有三样东西：一、每个大门内照壁上的小神龛，白灰的照壁，青砖的小龛，左右还有不到一尺长的红纸对联。壁前一株夹竹桃或杨柳，将清凉的疏影斜晒到壁上，家家如此，好似在表明家家照壁后都有无限清幽的境界。二、鼓镜特高的柱础。沿街两旁都有走廊,廊柱下石础上有八九寸高的鼓镜,高略如柱径。沿街铺廊的柱础都是如此,显然是当地的特征。三、在铺廊或住宅大门檐下,檐檩与檐枋之间,都不用北平所常见的垫板,而用三朵荷叶或荷花垫托,非常可爱。此外在东西大街两旁的屋顶上,用砖砌成小墩,上面有遮过全街宽的凉棚架,令我想到他们夏天街上的清凉。

在一架又一架凉棚架下穿行了许久,我左右顾看高起的鼓镜和檩枋间的小垫块,忽然已到了敕建隆兴寺山门之前。车未停留,匆匆过去,一瞥间,我只看见山门檐下斗拱结构非常不顺眼。车绕过了山门,向北顺着一道很长的墙根走,墙上免不了是"党权高于一切""三民主义……"一类的标语。我们终于被拉到一个门前放下,把门的兵用山西口音问我来做什么。门上有陆军某师某旅某团机关枪连的标识。我对他们说明我们的任务,候了片刻,得了连长允许,被引到方丈去。

一位六十岁左右的老和尚出来招待我们,我告诉他我们是来研究隆兴寺建筑的,并且表示愿在此借住。他因方丈不在家,不能做主,请我们在客堂等候。到方丈纯三回来,安排停当之后,我们就以方丈的东厢房做工作的根据地,但因正定府城之大,使我们住在城东的,要到西门发封电信都感到极不方便。

在黄昏中,莫君与我开始我们初步的游览。由方丈穿过关帝庙,来到慈氏阁的北面,我们已在正院的边上;在这里我才知道刚才进小北门时所见类似瞭望台式的高建筑物,原来是纯三方丈所重修的大悲阁。在须弥座上,砌起十丈多高的半圆拱龛,类似罗马教堂宫苑中的大松球龛(niche of the pine cone),龛上更有三楹小殿,这时木匠正忙着在钉殿顶上的望板。在大悲阁前,有转轮藏与慈氏阁两座显然相同的建筑相对而立。我们先进慈氏阁看看内部的构架,下层向南的下檐已经全部毁坏,放入惨淡的暮色。殿内有弥勒(?)立像,两旁有罗汉。我们上楼,楼梯的最下几级已没有了,但好在还爬得上去。上层大部没有地板,我们战兢地看了一会儿,在几不可见的苍茫中,看出慈氏阁上檐斗拱没有挑起的后尾,于是大失所望地下楼。我们越过院子,看了转轮藏殿的下部,与显然由别处搬来寄居的坦腹阿弥陀佛,不禁相对失笑,此后又凭吊了它背后破烂的转轮藏,却没有上楼。

慈氏阁、转轮藏殿之间,略南有戒坛,显是盛清的形制。戒坛前面有一道小小的牌楼,形制甚为古劲。穿过牌楼门,庞大的摩尼殿整个横在前面。天已墨黑,殿里阴深,对面几不见人,只听到上面蝙蝠唧唧叫唤。在殿前我们向南望了六师殿的遗址和山门的背面,然后回到方丈去晚斋。豆芽、菠菜、粉丝、豆腐、面、大饼、馒头、窝窝头,我们竟然为研究古建筑而茹素,虽然一星期的斋戒,曾被荤浊的罐头宣威火腿破了几次。

晚上纯三方丈来谈,说起前几天燕京大学许地山、容希白①、顾颉刚诸先生的来游。我将由故宫摹得乾隆年间重修正定隆兴寺图与和尚看,感叹了行宫之变成天主教堂,并且得悉可贵的《隆兴寺志》已于民国十八年寺产被没收为国民党党部时

---

① 即容庚,字希白,文学家、考古学家。

失却,现在已无法寻找。

第二天早六时,被寺里钟声唤醒,昨日的疲乏顿然消失。这一天主要工作仍是将全寺详游一遍,以定工作的方针。大悲阁的宋构已毁去什九,正由纯三重修拱形龛,龛顶上工作纷纷,在下面测画颇不便,所以我们盘桓一会儿,向转轮藏殿去。大悲阁与藏殿之间,及大悲阁与慈氏阁之间,都有一座碑亭,完全是清式。转轮藏前的阿弥陀佛依然是笑脸相迎,于是绕到轮藏之后,初次登楼。越过没有地板的梯台,再上大半没有地板的楼上,发现藏殿上部的结构有精巧的构架,与《营造法式》完全相同的斗拱,和许多许多精美奇特的构造,使我们高兴到发狂。

摩尼殿是隆兴寺现存诸建筑中最大最重要者。十字形的平面,每面有歇山向前,略似北平紫禁城角楼,这式样是我们在宋画里所常见,而在遗建中尚未曾得到者。斗拱奇特:柱头铺作小而简单;补间铺作大而复杂,而且在正角内有四十五度的如意拱,都是后世所少见。殿内供释迦及二菩萨,有阿难迦叶二尊者,并天王侍立。

摩尼殿前有甬道,达大觉六师殿遗址,殿已坍塌,只剩一堆土丘,约高丈许。据说燕大诸先生将土丘发掘,曾得了些琉璃,惜未得见。土丘东偏有高约七尺武装石坐像,雕刻粗劣,无美术价值,且时代也很晚,大概是清代遗物。这像本来已半身埋在土中,亦经他们掘出。

由土丘南望,正见山门之背。山门已很破,一部分屋顶已见天。东西间内供有四天王,并不高明。山门宋式斗拱之间,还夹有清式平身科(补间铺作),想为清代匠人重修时蛇足的增加,可谓极端愚蠢的表现。山门之北,左右有钟楼鼓楼遗址,钟楼的四根角柱石还矗立在土堆中,铁钟卧倒在地,但在乾隆重修图上,原来的钟鼓楼并不在此。也许是后来移此,也许是乾隆时并没有依图修理,都有可疑。

寺的主要部分,如此看了一遍。次步工作便须将全城各处先游一周,依遗物之多少,分配工作的时间。稍息之后,我们带了摄影机和速写本出去"巡城"。我所知道的古建只有"四塔"和名胜一处——数百年来修葺多次的阳和楼。天宁寺木塔离大佛寺最近,所以我们就将它作第一个目标,然后再去看临济寺的青塔、广惠寺的花塔、开元寺的砖塔。

初夏天气,炎热已经迫人,我们顺着东大街西走,约有两里来到寺前空地。空地比街低洼许多。塔的周围便是这空地和水塘,天宁寺全部仅存塔前小屋一院。塔前有明碑,一立一卧,字迹已不甚可辨。我勉强认读碑文,但此文于塔的已往并未有所记述。我们只将塔基平面测绘而已。

回到大街,过街南行,不到几步,又看见田野。正定城大人稀,城市部分只沿着主要的十字街。临济寺的青塔,就在城东南部田野与住宅区相接处。青塔是四塔中之最小者,不似其他三塔之耸起,由形制上看来,也是其中之最新者。我们对青塔上的工作只是平面图的测量和几张照片,不幸照片大部分走了光,只剩一张全影。

我们走了许多路,天气又热,不禁觉渴,看路旁农人工作正忙,由井中提起一桶一桶的甘泉,决计过去就饮,但是因水里满是浮沉的微体,只是忍渴前行。

青塔南约里许,也在田野住宅边上,立着奇特的花塔。原来的广惠寺也是只余小殿三楹,且塔基部分破坏已甚。塔门已经堵塞,致我们不能入内参看。

我们看完这三座塔后,便向南大街走。沿南大街北行,不久便被一座高大的建筑物拦住去路。很高的砖台,上有七楹殿,额曰阳和楼,下有两门洞,将街分左右,由台下穿过。全部的结构就像一座缩小的天安门。这就是《县志》里有多少篇重修记的名胜阳和楼。砖台之前有小小的关帝庙,庙前有台基和牌楼。阳和楼的斗拱,自下仰视,虽不如隆兴寺的伟大,却比明清式样雄壮得多,虽然多少次重修,但仍得幸存原构,这是何等侥幸。我私下里自语:"它是金元间的作品,殆无可疑。"但是这样重要的作品,东西学者到过正定的全未提到,我又觉得奇怪。门是锁着的,不得而入,看楼人也寻不到,徘徊瞻仰了些时,已近日中时分,我们只得向北回大佛寺去。在南大街上有好几道石牌楼,都是纪念明太子太保梁梦龙的。中途在一个石牌楼下的茶馆里,竟打听到看楼人的住处。

开元寺俗称砖塔寺。下午再到阳和楼时,顺路先到此寺,才知现在是警察教练所。砖塔的平面是四方形,各层的高度也较平均,其形制显然是四塔中最古者,但是砖石新整,为后世重修,实际上又是四塔中最新的一个。

开元寺除塔而外,尚存一殿一钟楼,而后者却是我们意外的收获。钟楼的上层外檐已非原形,但是下檐的斗拱和内部的构架,赫然是宋初(或更古!)遗物。楼上的大钟和地板上许多无头造像,都是有趣的东西。这钟楼现在显然是警察的食堂。开元寺正殿却是毫无趣味的清代作品。里面站在大船上的佛像,更是俗不可耐。

离开开元寺,我们还向阳和楼去。在楼下路东一个民家里,寻到管理人。沿砖台东边拾级而登,台上可以瞭望全城。台上有殿七楹,东西碑亭各一。殿身的梁枋斗拱使我们心花怒放,知道这木构是宋式与明清式间紧要的过渡作品。这一下午的工作,就完全在平面和斗拱之测绘。

回到寺里,得到滦东紧急的新闻,似乎有第二天即刻回平之必要。虽然后来又得到缓和的消息,但是工作已不能十分地镇定。原定两星期工作的日程,赶紧缩短,同时等候更坏的消息,预备随时回平。

第三天游城北部,北门里的崇因寺和北门外的真武庙。崇因寺是万历年间创建,我们对它并没有多大的奢望。真武庙《县志》称始于宋元,但是现存者乃是当地的现代建筑。正脊、垂脊和博风头上却有点有趣的雕饰。

回途到府文庙,现在的第七中学。在号房久候之后,蒙教务主任吴冶民先生领导参观。我们初次由小北门内远见的绿琉璃庑殿顶,原来就是大成殿,现在的"中山堂";正脊虽短促,但柱高,斗拱小,出檐短,显然是明末作品。前殿——图书馆——的斗拱却惹人注意,可惜殿内斗拱的后尾被白灰顶棚所遮藏,不得见其底细；记得进门时，在墙上仿佛见有"教育要艺术化"的标语，不知是否就如此解法。殿前泮水池上的石桥，雕工虽不精细而古雅，大概也是明以前物。

由府文庙出来，我们来到县政府，从前的正定府衙门。府衙门的大堂是一座庞大而无斗拱的古构，由规模上看来，或许也是明构。府衙门和文庙前的牌楼，都用一种类似"偷心"华拱的板块代替斗拱，这个结构还是初次见到。府衙门之外，还有一座楼，现在改为民众图书馆，形式颇为丑怪。在回寺途中，路过镇台衙门，现在的七师附小，在门内得见一对精美绝伦的铁狮，座上有元至正二十八年年号和铸铁匠人的名姓。

第三天的工作如此完结，我觉得我对正定的主要建筑物已大略看过一次，预备翌晨从隆兴寺起，做详测工作。

第四天，棚匠已将转轮藏殿所需用的架子搭妥。以后两天半——由早七时到晚八时——完全在转轮藏殿、慈氏阁、摩尼殿三建筑物上细测和摄影，其中虽有一天的大雷雨雹，晚上骤冷，用报纸辅助薄被之不足，工作却还顺利。这几天之中，一面拼命赶着测量，在转轮藏平梁叉手之间，或摩尼殿替木襻间之下，手按着两三寸厚几十年的积尘，量着材梁拱斗，一面心里惦记着滦东危局，揣想北平被残暴的邻军炸成焦土，结果是详细之中仍多遗漏，不禁感叹"东亚和平之保护者"的厚赐。

第六天的下午在隆兴寺测量总平面，便匆匆将大佛寺做完。最后一天，重到阳和楼将梁架细量，以补前两次所遗漏。余半日，我忽想到还有县文庙不曾参看，不妨去碰碰运气。

县文庙前牌楼上高悬着"正定女子乡村师范学校"的匾额。我因记起前次在省立七中的久候,不敢再惹动号房,所以一直向里走,以防时间上不必需的耗失,预备如果建筑上没有可注意的,便立刻回头。走进大门,迎面的前殿便大令人失望,我差不多回头不再前进了,忽想"既来之则看完之"比较是好态度,于是信步绕越前殿东边进去。果然,好一座大成殿!雄壮古劲的五间,赫然现在眼前。正在雀跃高兴的时候,觉得后面有人在我背上一拍,不禁失惊回首。一位须发斑白的老者,严重地向着我问我来意,并且说这是女子学校,其意若曰"你们青年男子,不宜越礼擅入"。经过解释之后,他自通姓名,说是乃校校长,半信半疑地引导着我们"参观"。我又解释我们只要看大成殿,并不愿参观其他。因为时间短促,我们匆匆便开始测绘大成殿——现在的食堂——平面。校长起始耐性陪着,不久或许是感着枯燥,或许是看我们并无不轨行动,竟放心地回校长室去。可惜时间过短,断面及梁架均不暇细测。完了之后,校长又引导我们看了几座古碑,除一座元碑外,多是明物。我告诉他,这大成殿也许是正定全城最古的一座建筑,请他保护不要擅改,以存原形。他当初的怀疑至是仿佛完全消失,还殷勤地送别我们。

下午八时由大佛寺向车站出发,等夜半的平汉特别快。因为九点闭城的缘故,我们不得不早出城。到站等候,站上有整列的敞车,上面满载着没有炮的炮车,据说军队已开始向南撤退。全站的黑暗忽被惨白的水月电灯突破,几分钟后,我们便与正定告别北返。翌晨醒来,车已过长辛店了。

漫 谈 佛 塔

　　佛塔是我国佛教建筑中一个特殊类型。"塔"是由梵文"Stupa"音译为"窣堵坡",后来简化为"塔婆",又进一步简掉了"婆",而剩下来的一个字。窣堵坡在印度的原义是"坟墓"——是佛教埋葬佛体或僧尼的纪念性建筑。据《后汉书·陶谦传》的记载,早在公元 200 年前后,长江下游的丹阳郡(今南京一带),有一个官吏笮融,"大起浮图寺,上累金盘,下为重楼,又堂阁周回,可容三千许人,作黄金涂像,衣以锦彩"。所谓"上累金盘",显然就是用金属做的刹,也就是印度窣堵坡(塔)的缩影或模型。所谓"重楼",大概就是司马迁《史记》中所提到的汉武帝建造来迎接神仙的,那种多层的木构高楼。在原来中国的一种方士用的高楼之上,根据当时从概念上对于印度窣堵坡的理解,加上一个刹,最早的中国式的佛塔就这样诞生了。经过长期的发展,中国历代的匠师创作出许多不同的塔型,大量佛塔遍布全国,像一颗颗灿烂宝石一样,点缀着祖国的锦绣河山。今天,我们无论在铁路上、公路上、水路上,都可以不时地看见远处突出的一个塔尖,或是近处高耸入云的塔影。佛塔早已成为我国风景轮廓线上一个突出的特征。

我国初期的佛塔都是木材建造的。相传北魏时洛阳永宁寺的塔，是一座巨大的木结构。据说这塔有九层高，从地面到刹尖高一千尺，在百里以外就可以看见。虽然这种尺寸肯定是夸大了的，不过它的高度也必然惊人。我们可以说，像永宁寺塔这样的木塔，就是笮融的"上累金盘，下为重楼"那一种塔所发展到的一个极高的阶段。可惜的是木材本身容易腐蛀焚毁，特别是佛塔本身的高度，加上上面金属的塔刹，容易诱导落雷，早期的木塔今天已经没有一个存在了。我们只能在日本现存的一些飞鸟、白凤时代的木塔上，以及敦煌的壁画、云冈石窟的浮雕和云冈少数窟内的支提塔①里，多少可以看到我国初期佛塔的结构和形象。

自公元第五世纪到第十一世纪是一个木塔和砖塔并存的时期。例如北魏的洛阳、唐的长安，所有数量众多的塔，绝大部分是木材建造的，但砖塔的数量的比重在这五六百年间，逐渐增加。到了公元第十一世纪以后，木塔就成为极其稀罕的东西了。我国现存唯一的木塔是山西应县佛宫寺释迦塔，是辽统和二年（1056 年）②建成的。塔由地面到刹尖高六十六米，高五层，加上上面四层每层下面的平坐暗层，实际上是一座九层累架的木框架结构，全部用传统的柱、梁、斗拱层层叠上而建成；除了塔基和第一层的墙壁是用砖石以及顶上的刹是锻铁之外，全部都是

---

① 支提塔：用来安置窣堵坡的建筑。
② 公元 1056 年实应为辽清宁二年。

木材。每一层的檐和平坐都由斗拱举托。由下而上,由于每层的高度递减,每层的宽度也逐渐收缩。由于八角形的平面,为内部梁尾的交叉点造成相当复杂的结构问题。但是十一世纪中叶的伟大的不知名建筑师却运用了五十多种不同的斗拱圆满地解决了这一复杂问题。后代的香客献给这座塔的一块匾,用"鬼斧神工"四个字来歌颂这座神妙的结构,是丝毫没有夸大的。

我国现存最古的一座砖塔是河南嵩山嵩岳寺塔,建于北魏正光元年(520年),至今已有一千四百多年的历史了。塔的平面作十二角形(在它以前及和它同时的木塔,平面都是四方形的),在一座很高的塔基上,加上一座很高的塔身,再上去就是十四层密檐。这座砖塔的轮廓线是几何学上的抛物线形,异常优美流畅。

图一 河南登封市嵩岳寺塔

这不仅说明当时的匠师已经掌握了高水平的几何知识,而且在建造过程中能够准确地把它砌出来。但是塔内的各层楼板和扶梯却是木材做的。从佛塔的发展史看来,嵩岳寺塔是一件很珍贵的遗产(图一)。

唐朝(618~906①年)给后代留下了相当数量的砖塔。在这些砖塔之中,有两种主要的类型,一种是像古代的木塔那样一层一层垒上去的,我们可以叫这一种作"多层塔",如西安的大雁塔(701~704年)、香积寺塔(618年)、兴教寺玄奘塔(669年)等都属于这个类型。另一种是像嵩岳寺塔那样,在一个高大的塔身上承托着多层密檐的,我们可以叫这一种作"密檐塔"。其中杰出的例子,有嵩山永泰寺和法王寺的两座塔。所有这些塔中,外部虽是砖砌的,而内部的楼板扶梯也同前一个时代一样,是用木材建成的。到宋代以后的塔才不再像烟囱那样砌上去,而是在塔的内部用各种角度和相互交错的筒形券的方法,把内部的楼梯、楼板、塔内的龛室等同时砌成一个整体,消灭了过去五百年来外部用砖结构、内部用木结构的缺点。塔身更加坚固了。

第十世纪中叶以后,佛塔类型更为丰富多彩,虽然基本上还是以多层塔和密檐塔两个类型为主,但是不同的地区还创造出不同的地方风格,而且兄弟民族对于塔的类型的创造也有不少的贡献。以前在嵩山会善寺唐天宝间(745年)的净藏塔上一度出现的八角形平面,至此成为佛塔的标准平面形式。

在黄河、淮河流域,佛塔一般没有模仿木结构的雕饰,如河北定县开元寺的砖塔就是一个最典型的塔型。山东长清灵岩寺辟支塔,虽然用斗拱承托塔檐,也用斗拱承托平坐,但总的说来,模仿木结构的部分仅此而已。特别值得一提的是河南开封祐国

---

① 现一般以公元907年为唐朝灭亡时间。

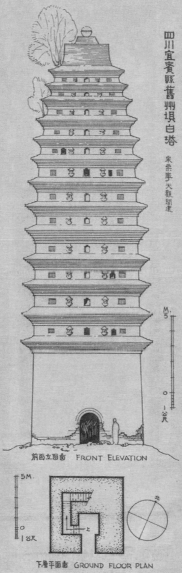

四川宜賓縣舊州壩白塔 宋崇寧大觀間建

斜面立面面 FRONT ELEVATION

下層平面面 GROUND FLOOR PLAN

PAGODA AT CHIU-CHOU-PA,
YI-PIN, SZECHUAN

JUNG DYNASTY, 1102-09 A.D.

歷代佛塔型類演變圖　EVOLUTION OF TYPES OF THE BUDDHIST PAGODA
NOT DRAWN TO SAME SCALE
HUMAN FIGURE INDICATES APPROXIMATE SCALE
POSITION OF GROUD-LINE INDICATES DATE IN RELATION TO CHRONOLOGICAL SCALE.

寺塔(1041~1048年),这座瘦而高的十三层砖塔上,全部使用琉璃面砖。这些面砖一共有二十八种标准块,运用这些标准面砖可以砌出墙面、门窗、柱梁、斗拱等等,这在材料技术方面在当时是一个伟大的创造。这些面砖是深赭色的,呈现铁锈的颜色,因此这座塔一般被叫作"铁塔"。

在长江流域,佛塔的平面虽也都已经改用八角形,并且也是多层塔的形式,但是风格却迥然不同。特别是在长江下游一带,砖石塔在材料和结构方法的许可下,尽量地模仿木结构的形式。如苏州的报恩寺塔,杭州的六和塔和保俶塔,无论外部、内部墙面的处理,都用砖砌出木结构的形式。砖面全部抹灰,用彩色粉刷,给人的印象几乎同木结构没有差别。但是由于檐椽是木结构的,因此后代大多损坏。又由于后代修理方法不同,就使这三个原来是同一类型的塔,现在却变成三种完全不同的样子。这一类型的塔保存得比较完整的是苏州罗汉院的双塔(982年)。这一对塔规模不大,高度由地到刹顶也不过二十米,斗拱和檐瓦都比较完整地保存下来,给我们留下了这类塔型比较完整的形象。

从第十到第十三世纪末年之间,我国的佛塔已经演变、发展、创造出许许多多的类型。从第十世纪开始,北方的契丹族和女真族先后建立了辽、金两朝,继续向南扩展。在这些北方民族统治的地区,佛塔就具有与南方不同的风格,在中国建筑史中第一次出现了像北京天宁寺塔那类型的、完全仿木结构的密檐塔和河北涿县双塔那类型的、完全仿应县木塔结构形式的多层塔。

到十三世纪中叶以后,蒙古族统治者营建大都(现在的北京),
1271年修建了妙应寺白塔。此后,在各地都出现了这种西藏式
的瓶形塔。例如山西五台山塔院寺塔(1577年),北京北海公园
白塔(1651年),可以说都是北京这座白塔的子孙。

　　明、清两朝在全国各地新建了无数的佛寺和佛塔,我国现存
的佛塔大部分是属于这个时期的。在这五百多年之间,塔型方
面一般说来没有什么特殊的创造。这时期木结构建筑的斗拱比
例和屋檐的深度都相对地缩小了,这种倾向也在砖塔上反映出
来,因此,塔身的每一层和斗拱塔檐对比就显得高些,斗拱塔檐
像是塔身上一箍箍纤细的环带。如山西太原永祚寺的双塔(十
六世纪末)、北京玉泉山塔(十八世纪)都是典型的例子。此外
还出现了用彩色琉璃面砖作为建筑装饰的佛塔,如山西洪赵县
广胜寺的飞虹塔(1417年),每层塔身的柱、梁、斗拱、檐橼等等
都用琉璃砖瓦嵌砌,砖墙壁上也镶嵌了大量的琉璃佛像和装饰
花纹。北京颐和园、玉泉山和香山一带还有几座清朝的佛塔
(大约属于十八世纪),则是全部用琉璃的。

　　在八角密檐塔方面,虽然这期间建造的也为数不少,但大多
数是不很大的高僧的墓塔。重要的例子只有一个,那就是北京
八里庄慈寿寺塔(1578年),形式上完全模仿十世纪末年的天宁
寺塔,但从建筑处理的细节上看,则完全用的是明朝的制度。

　　这一时期还从西藏传来了一种金刚宝座塔,即在一个长方
形高台上建立几座塔。我们推测,这一类型是模仿佛陀伽耶[①]

---

　　① 　佛陀伽耶:释迦牟尼成佛处,伽耶意即道场。

的部署而设计的。北京西直门外真觉寺（五塔寺）塔（1473年）是这一类型最杰出最重要的实例。又如云南昆明妙湛寺的金刚宝座塔（1460年前后）是五座西藏式的瓶形塔；北京西山碧云寺的金刚宝座塔是七座塔，其中五座是密檐塔，两座是喇嘛式的瓶形塔，是1747年建成的。北京黄寺的金刚宝座塔，是班禅三世的墓塔（1780年前后），主塔是一座喇嘛式瓶形塔，四角的小塔采用汉族传统的八角塔形式，全部用汉白玉石砌成。

到了十九世纪以后，中国建造的佛塔就越来越少了。最年轻的一座塔是1960年人民政府为了佛教徒们供奉著名的佛牙，在北京西山灵光寺新建的一座佛塔。这座塔的形式是参照灵光寺西面原有的一座辽代的密檐塔（毁于八国联军），八角，十三层，高十五米，采用近代的钢筋混凝土结构；在内部空间的利用和文物的保存方法上都有了新的创造。这是在传统的基础上革新、创造的一个尝试（图二）。

图二　北京西山佛牙舍利塔

　　这篇"漫谈"是作者在《光明日报》编辑同志的热情和"压力"下,同意他们从我另外一篇稿子里摘辑而成的。作者在此对他们表示感谢。对这篇幅来说,这题目无疑是太大了些,而且照片插图较少,更难说明问题。在这方面的缺点,只能由作者负责。说是"漫谈",其实只是"泛泛之谈",只"浅出"而不"深入",恳求读者原谅!

第三课　建筑师的工作

中 国 建 筑 师

中国的建筑从古以来,都是许多劳动者为解决生活中一项主要的需要,在不自觉中的集体创作。许多不知名的匠师,累积世世代代的传统经验,在各个时代中不断地努力,形成了中国的建筑艺术。他们的名字,除了少数因服务于统治阶级而得留名于史籍者外,还有许多因杰出的技术为一般人民所尊敬,或为文学家所记述,或在建筑物旁边碑石上留下名字。

人民传颂的建筑师,第一名我们应该提出鲁班。他是公元前第七或第六世纪的人物,能建筑房屋、桥梁、车舆以及日用的器皿,他是"巧匠"(有创造性发明的工人)的典型,二千多年来,他被供奉为木匠之神。隋朝(公元581至618年)的一位天才匠师李春,在河北省赵县城外建造了一座大石桥,是世界最古的空撞券桥①,到今天还存在着。这桥的科学的做法,在工程上伟大的成功,说明了在那时候,中国的工程师已积累了极丰富的经验,再加上他个人智慧的发明,使他的名字受到地方人民的尊敬,很清楚地镌刻在石碑上。十世纪末叶的著名匠师喻皓,最长

① 空撞券桥:大拱两端拱肩上又有小拱的拱桥。

于建造木塔及多层楼房。他设计河南省开封的开宝寺塔,先做模型,然后施工。他预计塔身在一百年向西北倾侧,以抵抗当地的主要风向,他预计塔身在一百年内可以被风吹正,并预计塔可存在七百年。可惜这塔因开封的若干次水灾,宋代的建设现在已全部不存,残余遗迹也极少,这塔也不存痕迹了。此外喻皓曾将木材建造技术著成《木经》一书,后来宋代的《营造法式》就是依据此书写成的。

著名画家而兼能建筑设计的,唐朝有闫立德,他为唐太宗计划骊山温泉宫。宋朝还有郭忠恕为宋太宗建宫中的大图书馆——所谓崇文院、三馆、秘阁。

此外史书中所记录的"建筑师"差不多全是为帝王服务、监修工程而著名的。这类留名史籍的人之中,有很多只是在工程上负行政监督的官吏,不一定会专门的建筑技术的,我们在此只提出几个以建筑技术出名的人。

我们首先提出的是公元前第三世纪初年为汉高祖营建长安城和未央宫的杨城延,他出身是高祖军队中一名平常的"军匠",后来做了高祖的将作少府("将作少府"就是皇帝的总建筑师)。他的天才为初次真正统一的中国建造了一个有计划的全国性首都,并为皇帝建造了多座皇宫,为政府机关建造了衙署。

其次要提的是为隋文帝(公元第六世纪末年)计划首都的刘龙和宇文恺。这时汉代的长安已经毁灭,他们在汉长安附近另外为隋朝计划一个新首都。

在这个中国历史最大的都城里,他们首次实行了分区计划,皇宫、衙署、住宅、商业都有不同的区域。这个城的面积约七十平方公里,比现在的北京城还大。灿烂的唐朝,就继承了这城作为首都。

中国建筑历史中留下专门技术著作的建筑师是十一世纪间的李诫。他是皇帝艺术家宋徽宗的建筑师。除去建造了许多宫殿、寺庙、衙署之外,他在公元1100年刊行了《营造法式》一书,是中国现存最古最重要的建筑技术专书。南宋时监修行宫的土煥将此书传至南方。

十三世纪中叶蒙古征服者入中国以后,忽必烈定都北京,任命阿拉伯人也黑迭儿计划北京城,并监造宫殿。马可·波罗所看见的大都就是也黑迭儿的创作。他虽是阿拉伯人,但在部署的制度和建筑结构的方法上都与当时的中国官史合作,仍然是遵照中国古代传统做的。

在十五世纪的前半期中,明朝皇帝重建了元代的北京城,主要的建筑师是阮安。北京的城池,九个城门,皇帝居住的两宫,朝会办公的三殿,五个王府,六个部,都是他负责建造的。除建筑外,他还是著名的水利工程师。

在清朝(公元1644至1911年)二百六十余年间,北京皇室的建筑师成了世袭的职位。在十七世纪末年,一个南方匠人雷发达应募来北京参加营建宫殿的工作,因为技术高超,很快就被提升担任设计工作。从他起一共七代,直到清朝末年,主要的皇室建筑,如宫殿、皇陵、圆明园、颐和园等都是雷氏负责的。这个世袭的建筑师家族被称为"样式雷"。

二十世纪以来,欧洲建筑被帝国主义侵略者带入中国,所以出国留学的学生有一小部分学习欧洲系统的建筑师。他们用欧美的建筑方法,为半殖民地及封建势力的中国建筑了许多欧式房屋。但到公元1920年前后,随着革命的潮流,开始有了民族意识的表现。其中最早的一个吕彦直,他是孙中山陵墓的设计者。那个设计有许多缺点,无可否认是不成熟的,但它是由崇尚欧化的风气中回到民族形式的表现。吕彦直在未完成中山陵之前就死了。那时已有少数的大学成立了建筑系,以训练中国新建筑师为目的。建筑师们一方面努力于新民族形式之创造,一方面努力于中国古建筑之研究。1929年所成立的中国营造学社中的几位建筑师就是专门做实地调查测量工作,然后制图写报告。他们的目的在将他们的成绩供给建筑学系作教材,但尚未能发挥到最大的效果。解放后,在毛泽东思想领导下,遵循共同纲领所指示的方向,正在开始的文化建设的高潮里,新中国建筑的创造已被认为一种重要的工作。建筑师已在组织自己的中国建筑工程学会,研究他们应走的道路,准备在大规模建设时,为人民的新中国服务。

芬奇——具有伟大远见的建筑工程师①

　　《最后的晚餐》和《蒙娜丽莎》像,这两幅文艺复兴全盛时期的名画,是每一个艺术学生所认识的杰作,因此每一个艺术学生都熟识它们的作者——伟大的列奥纳多·达·芬奇的名字。他不但是杰出的艺术家,而且是杰出的科学家。

　　达·芬奇青年时期的环境是意大利手工业生产最旺盛的文化发达的佛罗伦萨,他居留过十余年的米兰是以制造钢铁器和丝织著名的工业大城。从早年起,对于任何工作,芬奇就是不断地在自然现象中寻找规律,要在实践中认识真理,提高人的力量来克服自然,使它为生活服务。他反对当时教会的迷信愚昧,也反对当时学究们的抽象空洞的推论。他认为"不从实验中产生的科学都是空的、错误的,实验是一切真实性的源泉",并说:"只会实行而没有科学的人,正如水手航海而没有舵和指南针一样。实践必须永远以健全的理论为基础。"他一生的工作都

————————

① 本文系由梁思成、林徽因合写。分奇指列奥纳多·达·芬奇(Leonardo da Vinci),其中"达·芬奇"并不是姓氏,而是称呼,指"来自芬奇镇",今天不称"芬奇",只称"达·芬奇"。

是依据了这样的见解而进行的。

关于芬奇在艺术和自然科学方面的贡献,已有很多专文,本文只着重介绍他在土木工程和建筑范围内所进行的活动和所主张的方向。

在建筑方面,芬奇同他的前后时代大名鼎鼎的建筑师们是极不相同的。虽然他的名字常同文艺复兴大建筑师们相提并列,但他并没有一个作品如教堂或大厦之类留存到今天(除却一处在法国布洛阿宫尚无法证实而非常独特的螺旋楼梯①之外)。不但如此,研究他的史料的人都还知道他的许多设计,几乎每个都不曾被采用;而部分接受他的意见的工程,今天或已不存,或无确证可以证明哪一部分曾用过他的设计或建议的。但是他在工程和建筑方面的实际影响又是不可否认的。在他同时代和较晚的记录上,他的建筑师地位总是受到公认的。这问题在哪里呢? 在于他的建筑上和工程上的见解,和他的其他许多贡献一样,是远远地走在时代的前面的先驱者的远见。他的许多计划之所以不能实现,正是因为它们远远超过了那时代的社会制度和意识,超过了当时意大利封建统治者的短视和自私自利的要求,为他们所不信任、所忽视或阻挠。当时的许多建筑设计,由指派建筑师到选择和决定,大都是操在封建贵族手中的。而在同行之间,由于达·芬奇参加监修许多的工程和竞选过设计,且做过无数草图和建议,他的杰出的理论和方法、独创的发明,就都传播了很大的影响。

---

① 当指法国卢瓦尔河谷香波堡的永不相遇的双螺旋楼梯。

达·芬奇是在画师门下学习绘画的,但当时的画师常兼长雕刻,并且或能刻石,或能铸铜,又常须同建筑师密切合作,自己多半也都是能做建筑设计的建筑师。他们都是一切能自己动手的匠师。在这样的时代里成长的达·芬奇,他的才艺的多面性本不足惊奇,可异的是在每一部门的工作中,他的深入的理解和全面性的发展都是他的后代在数十年乃至数世纪中,汇集了无数人的智慧才逐渐达到的。而他却早就有远见地、勇敢地摸索前进,不断地研究、尝试和计划过。

达·芬奇对建筑工程的理解是超过一般人局限于单座建筑物的形式部署和建造的。虽然在达·芬奇的时代,最主要建筑活动是设计穹隆顶的大教堂和公侯的府第等,以艺术的布局和形式为重点,且以雕石、刻像的富丽装潢为主要工作;但达·芬奇所草拟的建筑工程领域却远超过这个狭隘的范围。他除了参加竞赛设计过教堂建筑,如米兰和帕维亚大教堂、佛罗伦萨的圣洛伦佐的立面①等,监修过米兰的堡垒和公爵府内部,设计并负责修造过小纪念室和避暑庄园中小亭子之外,他所自动提出的建筑设计的范围极广,种类很多,且主要都是以改善生活为目标的。例如他尽心地设计改善卫生的公厕和马厩,设计并详尽地绘制了后来在荷兰才普遍的水力风车的碾坊的图样;他建议设计大量标准工人住宅;他做了一个志在消除拥挤和不卫生环境的庞大的米兰城改建的计划;他曾设计并监修过好几处的水利工程、灌溉水道,最重要的如佛罗伦萨和比萨之间的运河。他

---

① 圣洛伦佐大教堂现正立面为米开朗琪罗设计,但未完工。

为阿尔诺河绘制过美丽而详细的地图,建议控制河的上下游,以便利许多可以利用水力作为发动力的工业。他充满信心地认为这是可以同时繁荣沿河几个城市的计划。这个策划正是今天最进步的计划经济中的区域计划的先声。

都市计划和区域计划都是达·芬奇去世四百多年以后,二十世纪的人们才提出解决的建筑问题。他的计划就是在现在也只有在先进的社会主义国家里才有力量认真实行和发展的。在十五、十六世纪的年代里,他的一切建筑工程计划或不被采用,或因得不到足够和普遍的支持,半途而废,是可以理解的。但达·芬奇一生并不因计划受挫,或没有实行,而失掉追求真理和不断做理智策划的勇气。直到他的晚年,在逝世以前,他在法国还做了卢瓦尔河和塞纳河间运河的计划,且目的在灌溉、航运、水力三方面的利益。对于改造自然,和平建设,他是具有无比信心的。

达·芬奇的都市计划的内容中,项目和方向都是正确的,它是由实际出发,解决最基本的问题的。虽受当时的社会制度和条件的限制,但主要是要消除城市的拥挤所造成的疾病、不卫生、不安宁和不愉快的环境。1484 至 1486 年间米兰鼠疫猖狂的教训,使他草拟了他的改建米兰的计划。达·芬奇大胆地将米兰分划为若干区,为减少人口的密度、喧哗嘈杂、疾病的传播、恶劣的气味和其他不卫生情形,他建议建造十个城区,每城区房屋五千,人口三万。他建议把城市建置在河岸或海边,以便设置排泄污水垃圾的暗沟系统,利用流水冲洗一切藏垢到河内。他建议设置街巷上的排水明沟和暗沟衔接,以免积存雨水和污物;建造规格化的工人住宅,建造公厕,改革市民的不卫生的习惯,注意烟囱的构造,将烟和臭气驱逐出城;且为保证市内空气和阳光,街道的宽度和房屋的高度要有一定的比例。在十五、十六世纪间,都市建设的重点在防御工程,城市的本身往往被视为次要的附属品,达·芬奇生在意大利各城市时常受到统治者之间争夺战威胁的时代,他的职务很多次都是监修堡垒、加固防御工程,但他所关心的却是城市本身和居民的生活。但当时愚昧自私的卢多维柯①是充耳不闻,无心接受这种建议的。

对于建筑工业的发展方向,达·芬奇也有预见。近代的"预制房屋",他就曾做过类似的建议。当他在法国乡镇的时候,木材是那里主要的建筑材料,因为是夏天行宫所在,有大量房屋的需要,他曾建议建造可移动的房屋,各部分先在城市作坊中预制,可以运至任何地点随时很快地装置起来。

达·芬奇的区域计划的例子,是修建佛罗伦萨和比萨之间的运河。他估计到这个水利工程可以繁荣那一带好几个城镇,如普拉托、皮斯托亚、比萨、佛罗伦萨本身,乃至于卢卡。他相信那是可以促进许多工业生产的措施,因此他不但向地方行政负责方面建议,同时他也劝各工商行会给予支持。尤其是毛织业行会,它是佛罗伦萨最主要工业之一。达·芬奇认为还有许许多多手工业作坊都可以沿河建置,以利用水的动力,如碾坊、丝织业作坊、窑业作坊、熔铁、磨刀、做纸等作坊。他还特别提到纺

---

① 即卢多维柯·斯福尔扎,米兰大公。达·芬奇的雇佣者。

丝可以给上百的女工以职业。用他自己的话说："如果我们能控制阿尔诺河的上下游，每个人，如果他要的话，在每一公顷的土地上都可以得到珍宝。"他曾因运河中段地区有一处地势高起，设计过在不同高度的水平上航行的工程计划。十六世纪的传记家瓦萨里说，达·芬奇每天都在制图或做模型，说明如何容易地可以移山开河！这正说明这位天才工程师是如何地确信人的力量能克服自然，为更美好的生活服务。这就是我们争取和平的人们要向他学习的精神。

此外，达·芬奇对个别建筑工程见解的正确性也应该充分提到。他在建筑的体形组织的艺术性风格之外，还意识地着重建筑工程上两个要素：一是工具效率对于完善工程的重要，一是建筑的坚固和康健必须倚赖自然科学知识的充实。这是多么正确和进步的见解。关于工具的重视，例如他在米兰的初期，正在做斯福尔扎铜像①时，每日可以在楼上望见正在建造而永无法完工的米兰大教堂，他注意到工人搬移石像、起运石柱的费力，也注意到他们木工用具效率之低，于是时常在他手稿上设计许多工具的画样，如掘地基和起石头的器具，铲子、锥子、搬土的手推车等等。十多年后，当他监修运河工程时，他观察到工人每挖一铲土所需要的动作次数，计算每工两天所能挖的土方。他自己设计了一种用牛力的挖土升降机，计算它每日上下次数，和人工作了比较。这种以精确数字计算效率是到了近代才应用的方

_____

① 即受斯福尔扎家族委托设计制作的青铜马，其时未完成，直到1999年才根据达·芬奇手稿制作完成。

法,当时达·芬奇却已了解它在工程中的重要了。

关于工程和建筑的关系,他对于建筑工程的看法可以从他给米兰大教堂负责人的信中一段来代表他的见解。信中说:"就如同医生和护士需要知道人和生命和健康的性质,知道各种因素之平衡与和谐保持了人和生命和健康,或是各种因素之不和谐危害并毁灭它们一样……同样的,这个有病的教堂也需要这一切;它需要一个'医生建筑师',他懂得一个建筑物的性质,懂得正确建造方法所须遵守的法则,以及这些法则的来源与类别,和使一座建筑物存在并能永久的原因。"他是这样地重视"医生建筑师",而所谓"医生建筑师"的任务则是他那不倦地追求自然规律的精神。

在建筑的艺术作风方面,达·芬奇是在哥特建筑末期,古典建筑重新被发现被采用的时代,他的设计是很自然地把哥特结构的基础和古典风格相结合。他的作风因此非常近似于拜占庭式的特征——那个古典建筑和穹隆顶结合所产生的格式,以小型的穹隆顶衬托中心特大的穹隆圆顶。在豪放和装饰性方面,芬奇所倾向的风格都不是古罗马所曾有,也不同于后来文艺复兴的典型作风。例如他的米兰教堂和帕维亚教堂的设计中所拟的许多稿图,把各种可能的结合和变化都尝试了。他强调正十字形的平面,所谓"希腊十字形",而避免前部较长的"拉丁十字形"的平面。他明白正十字形平面更适合于穹隆顶的应用,无论从任何一面都可以瞻望教堂全部的完整性,不致被较长的一部所破坏。今天罗马圣彼得教堂就因前部的过分扩充而受到损失的。达·芬奇在教堂设计的风格上,显示他对体形组织也是极端敏感并追求完美的。至于他的幻想力的充沛,对结构原理的谙熟,就表现在戏剧布景、庆贺的会场布置和庭园部署等方面。他所做过的卓越的设计,许多曾是他所独创,而且是引导出后代设计的新发展。如果在法国布洛阿宫中的旋梯楼确是他所设计,我们更可以看出他对于螺旋结构的兴趣和他的特殊的作风;但因证据不足,我们不能这样断定。他在当时就设计过一个铁桥,而铁桥是到了十八世纪末叶在英国才能够初次出现。凡此种种都说明他是一个建筑和工程的天才,建筑工程界的先进的巨人。

和他的许多方面一样,达·芬奇在建筑工程的领域中,有着极广的知识和独到的才能。不断观察自然、克服自然,永有创造的信心,是他一贯的精神。他的理想和工作是人类文化的宝藏。这也就足以说明为什么在今天争取和平的世界里,我们要热烈地纪念他。

祝东北大学建筑系第一班毕业生

诸君！我在北平接到童先生①和你们的信，知道你们就要毕业了。童先生叫我到上海来参与你们毕业典礼，不用说，我是十分愿意来的，但是实际上怕办不到，所以写几句话，强当我自己到了，聊以表示我对童先生和你们盛意的感谢，并为你们道喜！

在你们毕业的时候，我心中的感想正合俗语所谓"悲喜交集"四个字，不用说，你们已知道我"悲"的什么，"喜"的什么，不必再加解释了。

回想四年前，差不多正是这几天，我在西班牙京城，忽然接到一封电报，正是高惜冰先生发的，叫我回来组织东北大学的建筑系。我那时还没有预备回来，但是往返电商几次，到底回来了。我在八月中由西伯利亚回国，路过沈阳，与高院长一度磋商，将我在欧洲归途上拟好的草案讨论之后，就决定了建筑系的组织和课程。

我还记得上了头一课以后，有许多同学，有似晴天霹雳如梦

---

① 即指童寯，建筑学家，曾在东北大学建筑系任教。

初醒，才知道什么是"建筑"。有几位一听要画图，马上就溜之大吉，有几位因为"夜工"难做，慢慢地转了别系，剩下几位有兴趣而辛苦耐劳的，就是你们几位。

我还记得你们头一张 wash plate①，头一题图案，那是我们"筚路蓝缕，以启山林"的时代，多么有趣，多么辛苦！那时我的心情，正如看见一个小弟弟刚学会走路，在旁边扶持他，保护他，引导他，鼓励他，唯恐不周密。

后来林先生②来了，我们一同看护小弟弟，过了他们的襁褓时期，那是我们的第一年。

以后陈先生③、童先生和蔡先生④相继都来了，小弟弟一天一天长大了，我们的建筑系才算发育到青年时期。你们已由二年级而三年级，而在这几年内，建筑系已无形中形成了我们独有的一种 tradition⑤，在东北大学成为最健全、最用功、最和谐的一系。

去年六月底，建筑系已上了轨道，童先生到校也已一年，他在学问上和行政上的能力，都比我高出十倍，又因营造学社方面早有默约，所以我忍痛离开了东北，离开了我那快要成年的兄弟。正想再等一年，便可看他们出来到社会上做一分子健全的国民，岂料不久竟来了蛮暴的强盗，使我们国破家亡，弦歌中辍！

---

① 译为古典水墨渲染图。
② 即指林徽因，梁思成夫人，建筑学家，曾任职于东北大学建筑系。
③ 即指陈植，建筑学家，曾任职于东北大学建筑系。
④ 即指蔡方荫，建筑学家，曾任职于东北大学建筑系。
⑤ 译为传统。

幸而这时有一线曙光，就是在童先生领导之下，暂偏安之局，虽在国难期中，得以赓续工作，这时我要跟着诸位一同向童先生致谢的。

现在你们毕业了，"毕业"二字的意义很是深长，美国大学不叫毕业，而叫"始业"（commencement）。这句话你们也许已听了多遍，不必我再来解释，但是事实还是你们"始业"了，所以不得不郑重地提出一下。

你们的业是什么？你们的业就是建筑师的业。建筑师的业是什么？直接地说是建筑物之创造，为社会解决衣食住三者中住的问题；间接地说，是文化的记录者，是历史之反照镜。所以你们的问题是十分的繁难，你们的责任是十分的重大。

在今日的中国，社会上一般的人，对于"建筑"是什么，大半没有什么了解，多以"工程"二字把它包括起来，稍有见识的，把它当土木一类，稍不清楚的，以为建筑工程与机械、电工等等都是一样，以机械电工问题求我解决的已有多起，以建筑问题求电气工程师解决的，也时有所闻。所以你们"始业"之后，除去你们创造方面，四年来已受了深切的训练，不必多说外，在对于社会上所负的责任，头一样便是使他们知道什么是"建筑"，什么是"建筑师"。

现在对于"建筑"稍有认识，能将它与其他工程认识出来的，固已不多，即有几位其中仍有一部分对于建筑，有种种误解，不是以为建筑是"砖头瓦块"（土木），就以为是"雕梁画栋"（纯美术），而不知建筑之真义，乃在求其合用，坚固，美。前二者能圆满解决,后者自然产生,这几句话我已说了几百遍,你们大概早已听厌了。但我在这机会,还要把它郑重地提出,希望你们永远记着,认清你的建筑是什么,并且对于社会负有指导的责任,使他们对于建筑也有清晰的认识。

因为什么要社会认识建筑呢?因建筑的三元素中,首重合用。建筑的合用与否,与人民生活和健康,工商业的生产率,都有直接关系的,因建筑的不合宜,足以增加人民的死亡病痛,足以增加工商业的损失,影响重大。所以唤醒国人,保护他们的生命,增加他们的生产,是我们的义务,在平时社会状况之下,固已极为重要,在现在国难期中,尤为要紧,而社会对此,还毫不知道,所以是你们的责任,把他们唤醒。

为求得到合用和坚固的建筑,所以要有专门人才,这种专门人才,就是建筑师,就是你们!但是社会对于你们,还不认识呢,有许多人问我包了几处工程,或叫我承揽包工,他们不知道我们是包工的监督者,是业主的代表人,是业主的顾问,是业主权利之保障者,如诉讼中的律师或治病的医生,常常他们误认我们为诉讼的对方,或药铺的掌柜——认你为木厂老板,是一件极大的错误,这是你们所必须为他们矫正的误解。

非得社会对于建筑和建筑师有了认识,建筑不会得到最高的发达。所以你们负有宣传的使命,对于社会有指导的义务,为你们的事业,先要为自己开路,为社会破除误解,然后才能有真正的建设,然后才能发挥你们创造的能力。

　　你们创造力产生的结果是什么？当然是建筑，不只是建筑，我们换一句说话，可以说是"文化的记录"——是历史，这又是我从前对你们屡次说厌了的话，又提起来，你们又要笑我说来说去都是这几句话。但是我还是要你们记着，尤其是我在建筑史研究者的立场上，觉得这一点是很重要的，几百年后，你我或如转了几次轮回，你我的作品，也许还供后人对民国廿一年中国情形研究的资料，如同我们现在研究希腊罗马汉魏隋唐遗物一样。但是我并不能因此而告诉你们如何制造历史，因而有所拘束顾忌，不过古代建筑家不知道他们自己地位的重要，而我们对自己的地位，却有这样一种自觉，也是很重要的。

　　我以上说的许多话，都是理论，而建筑这东西，并不如其他艺术，可以空谈玄理解决的，它与人生有密切的关系，处处与实用并行，不能相离脱。讲堂上的问题，我们无论如何使它与实际问题相似，但到底只是假的，与真的事实不能完全相同，如款项之限制，业主气味之不同，气候、地质、材料之影响，人技术之高下，各城市法律之限制等等问题，都不是在学校里所学得到的，必须在社会上服务，经过相当的岁月，得了相当的经验，你们的教育才算完成，所以现在也可以说，是你们理论教育完毕，实际经验开始的时候。

　　要得实际经验，自然要为已有经验的建筑师服务，可以得着在学校所不能得的许多教益，而在中国与青年建筑师以学习的机会的地方，莫如上海，上海正在要做复兴计划的时候，你们来到上海来，也可以说是一种凑巧的缘分，塞翁失马，犹之你们被迫而到上海来,于你们前途,实有很多好处的。

现在你们毕业了,你们是东北大学第一班建筑学生,是"国产"建筑师的始祖,如一只新舰行下水典礼,你们的责任是何等重要,你们的前程是何等的远大!林先生与我两人,在此一同为你们道喜,遥祝你们努力,为中国建筑开一个新纪元!

谈"博"而"精"

　　每一个同学在毕业的时候都要成为一个专才。但是我们应该怎样去理解"专"的意义呢？"专"不等于把自己局限在一个"牛角尖"里。党号召我们要"一专多能"，这"一专"就是"精"、"多能"就是"博"。既有所专而又多能，既精于一而又博学：这是我们每个人在求学上应有的修养。

　　求学问需要"精"，但是为了能精益求精、专得更好，就需要"博"。"博"和"精"不是对立的，而是互相联系着的同一事物的两个方面。假使对于有联系的事物没有一定的知识，就不可能对你所要了解的事物真正地了解。特别是今天的科学技术越来越专门化，而每一专门学科都和许多学科有着不可分割的联系。因此，在我们的专业学习中，为了很好地深入理解某一门学科，就有必要对和它有关的学科具有一定的知识，否则想对本学科真正地深入是不可能的。这是一种中心和外围的关系，这样的"外围基础"是每一门学科所必不可少的。"外围基础"越宽广深厚，就越有利于中心学科之更精更高。

　　拿土建系的建筑学专业和工业与民用建筑专业来说，由于建筑是一门和人类的生产和生活关系最密切的技术科学,一切生产和生活的活动都必须有房屋,而生产和生活的功能要求是极其多样化的。因此,要使我们的建筑满足各式各样的要求,设计人就必须对这些要求有一定的知识;另一方面,人们对于建筑功能的要求是无止境的,科学技术的不断进步就为越来越大限度地满足这些要求创造出更有利的条件,有利的科学技术条件又推动人们提出更高的要求。如此循环,互为因果地促使建筑科学技术不断地向前发展。到今天,除了极简单的小型建筑可能由建筑师单独设计外,绝大多数建筑设计工作都必须由许多不同专业的工程师共同担当起来。不同工种之间必然存在着种种矛盾,因此就要求各专业工程师对于其他专业都有一定的知识,彼此了解工作中存在的问题,才能够很好地协作,使矛盾统一,汇合成一个完美的建筑整体。

1958 年以来设计大剧院、科技馆、博物馆等几项巨型公共建筑,就是由若干系的十几个专业协作共同担当起来的。在这一次真刀真枪的协作中,工作的实际迫使我们更多地彼此了解。通过这一过程,各工种的设计人对有关工种的问题有了了解,进行设计考虑问题也就更全面了,这就促使着自己专业的设计更臻完善。事实证明,"博"不但有助于"精",而且是"精"的必要条件。闭关自守、故步自封地求"精"就必然会陷入形而上学的泥坑里。

再拿建筑学这一专业来说。它的范围从一个城市的规划到个体建筑乃至细部装饰的设计。城市规划是国民经济和城市社会生活的反映,必须适应生产和生活的全面要求,因此要求规划设计人员对城市的生产和生活——经济和社会情况有深入的知识。每一座个体建筑也是由生产或者生活提出的具体要求而进行设计的。大剧院的设计人员就必须深入了解一座剧院从演员到观众,从舞台到票房,从声、光到暖、通、给排水、机、电以及话剧、京剧、歌舞剧、独唱、交响乐等等各方面的要求。建筑的工程和艺术的双重性又要求设计人员具有深入的工程结构知识和高度艺术修养,从新材料、新技术一直到建筑的历史传统和民族特征。这一切都说明"博"是"精"的基础,"博"是"精"的必要条件。为了"精"我们必须长期不懈地培养自己专业的"外围基础"。

必须明确:我们所要的"博"并不是漫无边际的无所不知、无所不晓。"博"可以从两个要求的角度去培养。一方面是以自己的专业为中心的"外围基础"的知识。在这方面既要提防漫无边际,又要提防兴之所至而引入歧途,过分深入地去钻研某一"外围"的问题,钻了"牛角尖"。另一方面是为了个人的文化修养的要求可以对于文学、艺术等方面进行一些业余学习。这可以丰富自己的知识,可以陶冶性灵,是结合劳逸的一种有效且有益的方法。党对这是非常重视的。解放以来出版的大量的文学、艺术图籍,美不胜数的电影、音乐、戏剧、舞蹈演出和各种展览会就是有力的证明。我们应该把这些文娱活动也看作培养我们身心修养的"博"的一部分。

闲话文物建筑的重修与维护

　　今年三月,有机会随同文化部的几位领导同志以及茅以升先生重访阔别三十年的赵州桥,还到同样阔别三十年①的正定去转了一圈。地方,是旧地重游;两地的文物建筑,却真有点像旧友重逢了。对这些历史胜地、千年文物来说,三十年仅似白驹过隙;但对我们这一代人来说,这却是变化多么大——天翻地覆的三十年呀! 这些文物建筑在这三十年的前半遭受到令人痛心的摧残、破坏。但在这三十年的后半——更准确地说,在这三十年的后十年,也和祖国的大地和人民一道,翻了身,获得了新的生命。其中有许多已经更加健康、壮实,而且也显得"年轻"了。它们都将延年益寿,作为中华民族历史文化的最辉煌的典范继续发出光芒,受到我们子子孙孙的敬仰。我们全国的文物工作者在党和政府的领导下,在文物建筑的维护和重修方面取得的成就是巨大的。

　　三十年前,当我初次到赵县测绘久闻大名的赵州大石桥——安济桥的时候,兴奋和敬佩之余,看见它那危在旦夕的龙

---

　　① 　梁思成于 1933 年第一次考察赵州桥,此文写于 1964 年。

钟残疾老态，又不禁为之黯然怅惘。临走真是不放心，生怕一别即成永诀。当时，也曾为它试拟过重修方案。当然，在那时候，什么方案都无非是纸上谈兵、空中楼阁而已。

解放后，不但欣悉名桥也熬过了苦难的日子，而且也经受住了革命战火的考验；更可喜，不久，重修工作开始了，它被列入全国重点文物保护单位的行列。《小放牛》里歌颂的"玉石栏杆"，在河底污泥中埋没了几百年后，重见天日了。古桥已经返老还童。我们这次还重验了重修图纸，检查了现状。谁敢说它不能继续雄跨洨河再一个一千三百年！

正定龙兴寺也得到了重修。大觉六师殿的瓦砾堆已经清除，转轮藏和慈氏阁都焕然一新了。整洁的伽蓝与三十年前相比，更似天上人间。

在取得这些成就的同时，作为新中国的文物工作者，我们是否已经做得十全十美了呢？当然我们不会那样狂妄自大。我们完全知道，我们还是有不少缺点的。我们的工作还刚刚开始，还缺乏成熟的经验。怎样把我们的工作进一步提高，这值得我们认真钻研。不揣冒昧，在下面提出几个问题和管见，希望抛砖引玉。

整旧如旧与焕然一新

古来无数建筑物的重修碑记都以"焕然一新"这样的形容词来描绘重修的效果，这是有其必然的原因的。首先，在思想要求方面,古建筑从来没有被看作金石书画那样的艺术品,人们并不像尊重殷周铜器上的一片绿锈或者唐宋书画上的苍黯的斑渍那样去欣赏大自然在一些殿阁楼台上留下的烙印。其次是技术方面的要求,一座建筑物重修起来主要是要坚实屹立,继续承受岁月风雨的考验,结构上的要求是首要的。至于木结构上的油饰彩画,除了保护木材,需要更新外,还因剥脱部分若只片片补画,将更显寒伧。若补画部分模仿原有部分的古香古色,不出数载,则新补部分便成漆黑一团。大自然对于油漆颜色的化学、物理作用是难以在巨大的建筑物上模拟仿制的。因此,重修的结果就必然是焕然一新了。"七七"事变以前,我曾跟随杨廷宝①先生在北京试做过少量的修缮工作,当时就琢磨过这问题,最后还是采取了"焕然一新"的老办法。这已是将近三十年前的事了,但直至今天,我还是认为把一座古文物建筑修得焕然一新,犹如把一些周鼎汉镜用擦铜油擦得油光晶亮一样,将严重损害到它的历史、艺术价值。这也是一个形式与内容的问题。我们究竟应该怎样处理?有哪些技术问题需要解决?很值得深入地研究一下。

在砖石建筑的重修上,也存在着这问题。但在技术上,我认为是比较容易处理的。在赵州桥的重修中,这方面没有得到足够的重视,这不能说不是一个遗憾。

我认为在重修具有历史、艺术价值的文物建筑中,一般应以

① 杨廷宝,建筑学家,1959年后任南京工学院副院长。在文中所提时间他任职于基泰工程司。

"整旧如旧"为我们的原则。这在重修木结构时可能有很多技术上的困难，但在重修砖石结构时，就比较少些。

就赵州桥而论，重修以前，在结构上，由于二十八道并列的券向两侧倾离，只剩下二十三道了，而其中西面的三(?)道，还是明末重修时换上的。当中的二十道，有些石块已经破裂或者风化。全桥真是危乎殆哉。但在外表形象上，即使是明末补砌的部分，都呈现苍老的面貌，石质则一般还很坚实。两端桥墩的石面也大致如此。这些石块大小都不尽相同，砌缝有些参差，再加上千百年岁月留下的痕迹，赋予这桥一种与它的高龄相适应的"面貌"，表现了它特有的"品格"和"个性"。作为一座古建筑，它的历史性和艺术性之表现，是和这种"品格""个性""面貌"分不开的。

在这次重修中，要保存这桥外表的饱经风霜的外貌是完全可以办到的。它的有利条件之一是桥券的结构采用了我国发券方法的一个古老传统，在主券之上加了缴背(亦称伏)一层。我们既然把这层缴背改为一道钢筋混凝土拱，承受了上面的荷载，同时也起了搭牵住下面二十八道平行并列的单券的作用，则表面完全可以用原来券面的旧石贴面。即使旧券石有少数要更换，也可以用桥身他处拆下的旧石代替，或者就在旧券石之间，用新石打几个"补丁"，使整座桥恢复"健康"、坚固，但不在面貌上"还童""年轻"。今天我们所见的赵州桥，在形象上绝不给人以高龄一千三百岁的印象，而像是今天新造的桥——形与神不相称。这不能不说是美中不足。

　　与此对比，山东济南市去年在柳埠重修的唐代观音寺（九塔寺）塔是比较成功的。这座小塔已经很残破了。但在重修时，山东的同志们采取了"整旧如旧"的原则。旧的部分除了从内部结构上加固，或者把外面走动部分"归安"之外，尽可能不改，也不换料。补修部分，则用旧砖补砌，基本上保持了这座塔的"品格"和"个性"，给人以"老当益壮"，而不是"还童"的印象。我们应该祝贺山东的同志们的成功，并表示敬意。

一切经过试验

　　在九塔寺塔的重修中，还有一个好经验，值得我们效法。

　　九个小塔都已残破，没有一个塔刹存在。山东同志们在正式施工以前，在地面、在塔上，先用砖干摆，从各个角度观摩，看了改，改了看，直到满意才定案，正式安砌上去。这样的精神值得我们学习。

　　诚然，九座小塔都是极小的东西，做试验很容易；像赵州桥那样庞大的结构，做试验就很难了。但在赵县却有一个最有利的条件。西门外金代建造的永通桥（也是全国重点保护文物），真是"天造地设"的"试验室"。假使在重修大桥以前，先用这座小桥试做，从中吸取经验教训，那么，现在大桥上的一些缺点，也许就可以避免了。

　　毛主席指示我们"一切要通过试验"，在文物建筑修缮工作中，我们尤其应该牢牢记住。

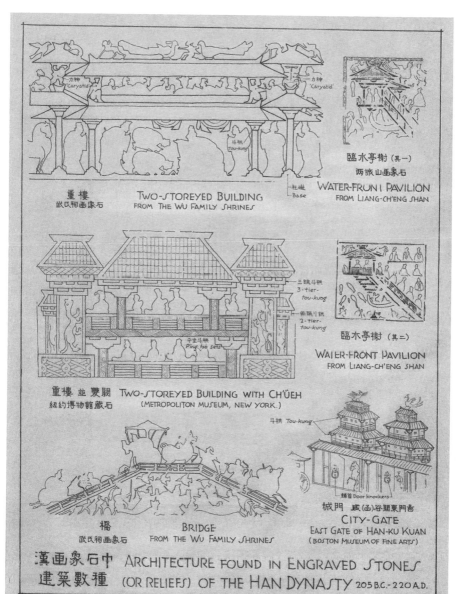

力神 "Caryatid"

力神 "Caryatid"

斗栱 Tou-kung

柱礎 Base

重樓
武氏祠畫象石

TWO-STOREYED BUILDING
FROM THE WU FAMILY SHRINES

臨水亭榭（其一）
兩城山畫象石

WATER-FRONT PAVILION
FROM LIANG-CH'ENG SHAN

三跳斗栱
3-tier-
tou-kung

兩跳斗栱
2-tier-
tou-kung

平坐斗栱
Ping-tso seat

臨水亭榭（其二）

WATER-FRONT PAVILION
FROM LIANG-CH'ENG SHAN

重樓 並 雙闕
紐約博物館藏石

TWO-STOREYED BUILDING WITH CH'ÜEH
(METROPOLITON MUSEUM, NEW YORK.)

斗栱 Tou-kung

鋪首 Door knockers

橋
武氏祠畫象石

BRIDGE
FROM THE WU FAMILY SHRINES

城門 藏（函）谷關東門尚
CITY-GATE
EAST GATE OF HAN-KU KUAN
(BOSTON MUSEUM OF FINE ARTS)

漢画象石中 ARCHITECTURE FOUND IN ENGRAVED STONES
建築數種 (OR RELIEFS) OF THE HAN DYNASTY 205 B.C.-220 A.D.

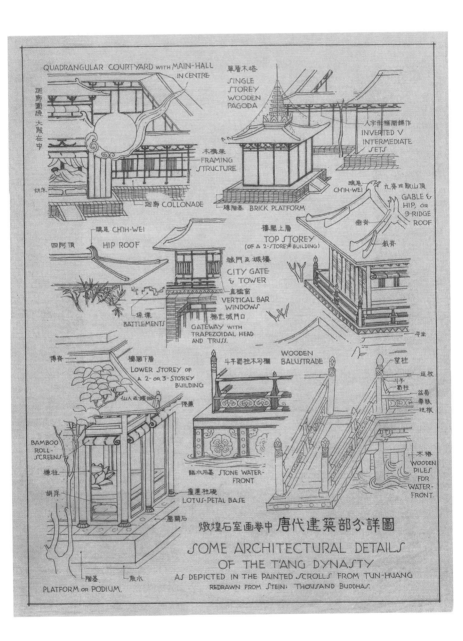

QUADRANGULAR COURTYARD with MAIN-HALL IN CENTRE

迴廊圍繞 大殿在中

胡床

木橫架 FRAMING STRUCTURE

迴廊 COLLONADE

單層木塔 SINGLE STOREY WOODEN PAGODA

人字形補間鋪作 INVERTED V INTERMEDIATE SETS

鴟是 CH'IH-WEI

隱陷基 BRICK PLATFORM

九脊攒歇山頂 GABLE & HIP, or 9-RIDGE ROOF

垂脊

戧脊

鴟是 CH'IH-WEI HIP ROOF

四阿頂

樓閣上層 TOP STOREY (OF A 2-STOREY BUILDING)

城門及城樓 CITY GATE & TOWER

直櫺窗 VERTICAL BAR WINDOWS

梯形城門口 GATEWAY with TRAPEZOIDAL HEAD AND TRUSS.

堞 BATTLEMENTS

平坐

WOODEN BALUSTRADE

斗子蜀柱不勾欄

樓閣下層 LOWER STOREY OF A 2- or 3-STOREY BUILDING

仙人在欄杆柱

裸棟

博脊

望柱

廻枝

子
勾柱
盆脣
尋杖
地栿

BAMBOO ROLL-SCREENS

檐柱

胡床

簾鈎

臨水石基 STONE WATER-FRONT

蓮華柱礎 LOTUS-PETAL BASE

木塔 WOODEN PILES FOR WATER-FRONT.

敦煌石室画卷中 唐代建築部分詳圖

SOME ARCHITECTURAL DETAILS
OF THE T'ANG DYNASTY
AS DEPICTED IN THE PAINTED SCROLLS FROM TUN-HUANG
REDRAWN FROM STEIN; THOUSAND BUDDHAS.

PLATFORM or PODIUM.

階基

散水

古为今用与文物保护

我们保护文物,无例外地都是为了古为今用,但用之之道,则各有不同。

有些本来就是纯粹的艺术作品,如书画、造像等,在古代就只作观赏(或膜拜,但膜拜也是观赏的一种形式)之用;今用也只供观赏。在建筑中,许多石窟、碑碣、经幢和不可登临的实心塔,如北京的天宁寺塔、妙应寺白塔,赵县柏林寺塔等属于此类。有些本来有些实际用处,但今天不用,而只供观赏的,如殷周鼎爵、汉镜、带钩之类。在建筑中,正定隆兴寺的全部殿、阁,北京天坛祈年殿、皇穹宇等属于此类。当然,这一类建筑,今天若硬要给它分配一些实际用途,固然未尝不可,但一般说来,是难以适应今天的任何实际需要的功能的。就是北京故宫,尽管被利用为博物馆,但绝不是符合现代博物馆的要求的博物馆。但从另一角度说,故宫整个组群本身却是更主要的被"展览"的文物。上面所列举的若干类文物和建筑之为今用,应该说主要是为供观赏之用。当然我们还对它进行科学研究。

另外还有一类文物,本身虽古,具有重要的历史、艺术价值,但直至今天,还具有重要实用价值的。全国无数的古代桥梁是这一类中最突出的实例。虽然许多园林中也有许多纯粹为点缀风景的桥,但在横跨河流的交通孔道上的桥,主要的乃至唯一的目的就是交通。赵县西门外永通桥,尽管已残破歪扭,但就在我们在那里视察的不到一小时的时间内,就有五六辆载重汽车和更多的大车从上面经过。重修以前的安济桥也是经常负荷着沉重的交通流量的。

而现在呢,崭新的桥已被"封锁"起来了。虽然旁边另建了一道便桥,但行人车马仍感不便。其实在重修以前,这座大石桥,和今天西门外的小石桥一样,还是经受着沉重的负荷的。现在既然"脱胎换骨",十分健壮,理应能更好地为交通服务。假使为了慎重起见,可使载重汽车、载重兽力车绕行便桥,一般行人、自行车、小型骡马车、牲畜、小汽车等,还是可以通行的。桥不是只供观赏的。重修之后,古桥仍须为今用——同时发挥它作为文物建筑和作为交通桥梁的双重的,既是精神的,又是物质的作用。当然在保护方面,二者之间有矛盾。负责保管这桥的同志只能妥筹办法,而不能因噎废食。

文物建筑不同于其他文物,其中大多在作为文物而受到特殊保护之同时,还要被恰当地利用。应当按每一座或每一组群的具体情况拟订具体的使用和保护办法,还应当教育群众和文物建筑的使用者尊重、爱护。

涂脂抹粉与输血打针

几千年的历史给我们留下了大量的文物建筑。国务院在1961年已经公布了第一批全国重点文物保护单位。在我国几千年历史中,文物建筑第一次真正受到政府的重视和保护。每年国家预算都拨出巨款为修缮、保管文物建筑之用。即使在遭受连年自然灾害的情况下,文物建筑之修缮保管工作仍得到不小的款额。这对我们是莫大的鼓舞。这些钱从我们手中花出去,每一分钱都是工人、农民同志的汗水的结晶,每一分钱都应该花得"铛铛"地响——把钢用在刀刃上。

问题在于,在文物建筑的重修与维护中,特别是在我国目前经济情况下,什么是"刀刃"?"刀刃"在哪里?

我们从历代祖先继承下来的建筑遗产是一份珍贵的文化遗产,但同时也是一个分量不轻的"包袱"。它们绝大部分都是已经没有什么实用价值的东西,它们主要的甚至唯一的价值就是历史或者艺术价值。它们大多数是千几百年的老建筑:有砖石建筑,有木构房屋;有些还比较硬朗、结实,有些则"风烛残年",危在旦夕。对它们进行维修,需要相当大的财力、物力。而在人力方面,按比例说,一般都比新建要投入大得多的工作和时间。我们的主观愿望是把有价值的文物建筑全部修好。但"百废俱兴"是不可能的。除了少数重点如赵县大石桥、北京故宫、敦煌莫高窟等能得到较多的"照顾"外,其他都要排队,分别轻重缓急,逐一处理。但同时又须意识到,这里面有许多都是危在旦夕的"病号",必须准备"急诊"、随时抢救。抢救需要"打强心针""输血",使"病号""苟延残喘",稳定"病情",以待进一步恢复"健康"。对一般的砖石建筑来说,除去残破严重的大跨度发券结构(如重修前的赵县大石桥和目前的小石桥)外,一般都是"慢性病",多少还可以"带病延年",急需抢救的不多。但木构架建筑,主要构材(如梁、柱)和结构关键(如脊或檩)的开始蛀蚀腐朽,如不及时"治疗","病情"就会迅速发展,很快就"病入膏肓","救药"就越来越困难了。无论我们修缮文物建筑的经费有多少,必然会少于需要的款额或材料、人力的。这种分别轻重缓急、排队逐一处理的情况都将长期间存在。因此,各地文物保管部门的重要工作之一就在及时发现这一类急需抢救的建筑和它们"病症"的关键,及时抢修,防止其继续破坏下去,去把它稳定下来,如同输血、打强心针一样,而不应该"涂脂抹粉",做表面文章。

正定隆兴寺除了重修了转轮藏和慈氏阁之外,还清除了大觉六师殿遗址的瓦砾堆,将原来的殿基和青石佛坛清理出来,全寺环境整洁,这是很好的。但摩尼殿的木构柱梁(过去虽曾一度重修)有许多已损坏到岌岌可危的程度,戒坛也够资格列入"危险建筑"之列了。此外,正定城内还有若干处急需保护以免继续坏下去的文物建筑。今年度正定分到的维修费是不太多的,理应精打细算,尽可能地做些"输血""打针"的抢救工作。但我们所了解到的却是以经费中很大部分去做修补大觉六师殿殿基和佛坛的石作。这是一个对于文物建筑的概念和保护修缮的基本原则的问题。古埃及、希腊、罗马的建筑遗物绝大多数是残破不全的,修缮工作只限于把倾倒坍塌的原石归安本位,而绝不应为添制新的部分。即使有时由于结构的必需而打少数"补丁",亦仅是由于维持某些部分,使不致拼不拢或者搭不起来,不得已而为之。大觉六师殿殿基是一个残存的殿基,而且也只是一个残存的殿基。它不同于转轮藏和慈氏阁,丝毫没有修补或再加工的必要。在这里,可以说钢是没有用在刀刃上了。这样的做法,我期期以为不可,实在不敢赞同。

正定城内很值得我们注意的是开元寺钟楼。许多位同志都认为这座钟楼,除了它上层屋顶外,全部主要构架和下檐都是唐代结构。这是一座很不惹人注意的小楼。我们很有条件参照下檐斗拱和檐部结构,并参考一些壁画和实物,给这座小楼恢复一个唐代样式屋顶,在一定程度上恢复它的本来面目。以我们所掌握的对唐代建筑的知识,肯定能够取得"虽不中亦不远矣"的效果,总比现在的样子好得多。估计这项工程所费不大,是一项"事半功倍"的值得做的好事。同时,我们也可以借此进行一次试验,为将来复修或恢复其他唐代建筑的工作取得一点经验。我很同意同志们的这些意见和建议。这座钟楼虽然不是需要"输血""打针"的"重病号",但也可以算是值得"用钢"的"刀刃"吧。

红花还要绿叶托

一切建筑都不是脱离了环境而孤立存在的东西。它也许是一座秀丽的楼阁,也许是一座挺拔的宝塔,也许是平铺一片的纺织厂,也许是四根、六根大烟囱并立的现代化热电站,但都不能"独善其身"。对人们的生活,对城乡的面貌,它们莫不对环境发生一定影响;同时,也莫不受到环境的影响。在文物建筑的保管、维护工作中,这是一个必须予以考虑的方面。文化部规定文物建筑应有划定的保管范围,这是完全必要的。对于划定范围的具体考虑,我想补充几点。除了应有足够的范围,便于保管外,还应首先考虑到观赏的距离和角度问题。范围不可太小,必须给观赏者可以从至少一个角度或两三个角度看见建筑物全貌的足够距离,其中包括便于画家和摄影家绘画、摄影的若干最好的角度。

其次是绿化问题。文物建筑一般最好都有些绿化的环境。但绿化和观赏可能发生矛盾,甚至和对建筑物的保护也可能发生矛盾。去年到蓟县看见独乐寺观音阁周围种树离阁太近了,而且种了三四排之多。这些树长大后不仅妨碍观赏,而且树枝会和阁身"打架",几十年后还可能挤坏建筑;树根还可能伤害建筑物的基础。因此,绿化应进行设计:大树要离建筑物远些,要考虑将来成长后树形与建筑物体形的协调;近处如有必要,只宜种些灌木,如丁香、刺梅之类。

残破低矮的建筑遗址,有些是需要一些绿化来衬托衬托的,但也不可一概而论。正定龙兴寺北半部已有若干棵老树,但南半大觉六师殿址周围就显得秃了些。六师殿址前后若各有一对松柏一类的大树,就会更好些。殿址之北,摩尼殿前的东西配殿遗址,现在用柏树篱一周围起,就使人根本看不到殿址了。这里若用树篱,最好只种三面,正面要敞开,如同三扇屏风,将殿基残址衬托出来。

绿化如同其他艺术一样,也有民族形式问题。我国传统的绿化形式一般都采取自然形式。西方将树木剪成各种几何形体的办法,一般是难与我国环境协调,枯燥无味的。但我们也不应一概拒绝,例如在摩尼殿前配殿基址就可以用剪齐的树屏风。但有些在地面上用树木花草摆成几何图案,我是不敢赞同的。

有若无,实若虚,大智若愚

在重修文物建筑时,我们所做的部分,特别是在不得已的情况下,我们加上去的部分,它们在文物建筑本身面前,应该采取什么样的态度,是我们应该正确认识的问题。这和前面所谈"整旧如旧"事实上是同一问题。

游故宫博物院书画馆的游人无不痛恨乾隆皇帝。无论什么唐、宋、元、明的最珍贵的真迹上,他都要题上冗长的歪诗,打上他那"乾隆御览之宝""古稀天子之宝"的图章。他应被判为一名破坏文物的罪在不赦的罪犯。他在爱惜文物的外衣上,拼命地表现自己。我们今天重修文物建筑时,可不要犯他的错误。

前一两年曾见到龙门奉先寺的保护方案,可以借来说明我一些看法。

奉先寺卢舍那佛一组大像原来是有木构楼阁保护的,但不知从什么时候起(推测甚至可能从会昌灭法①时),就已经被毁。一组大像露天危坐已经好几百年,已经成为人们脑子里对于龙门石窟的最主要的印象了。但今天,我们不能让这组中国雕刻

① 会昌灭法:唐武宗时期的毁佛运动。

史中最重要的杰作之一继续被大自然损蚀下去,必须设法保护,不使再受日晒雨淋。给它做一些掩盖是必要的,问题在于做什么和怎样做。

见到的几个方案都采取柱廊的方式。这可能是最恰当的方式。这解决了"做什么"的问题。

至于怎样做,许多方案都采用了粗壮有力的大石柱,上有雕饰的柱头,下有华丽的柱础,柱上有相当雄厚的檐子。给人的印象略似北京人民大会堂的柱廊。唐朝的奉先寺装上了今天常见的大礼堂或大剧院的门面!这不仅喧宾夺主,使人们看不见卢舍那佛的组像,而且改变了龙门的整个气氛。我们正在进行伟大的社会主义建设,在建设中我们的确应该把中国人民的伟大气概表达出来。但这应该表现在长江大桥上,在包钢、武钢上,在天安门广场、长安街、人民大会堂、革命历史博物馆上,而不应该表现在龙门奉先寺上。在这里,新中国的伟大气概要表现在尊重这些文物、突出这些文物。我们所做的一切维修部分,在文物跟前应当表现得十分谦虚,只做小小"配角",要努力做到无形中把"主角"更好地衬托出来,绝不应该喧宾夺主影响"主角"地位。这就是我们伟大气概的伟大的表现。

在古代文物的修缮中,我们所做的最好能做到"有若无,实若虚,大智若愚",那就是我们最恰当的表现了。

解放以来,负责保管和维修文物建筑的同志们已经做了很多出色的工作,积累了很多经验,而我自己在具体设计和施工方面却一点也没有做。这次到赵县、正定走马观花一下,回来就大发谬论,累牍盈篇,求全责备,吹毛求疵,实在是荒唐狂妄至极。只好借杨大年一首诗来为自己开脱。诗曰:

> 鲍老当筵笑郭郎,笑他舞袖太郎当。
> 若教鲍老当筵舞,定比郎当舞袖长①!

---

① 原诗末句现多作"转更郎当舞袖长"。

拙匠随笔(一):
建筑⊂(社会科学∪技术科学∪美术)①

常常有人把建筑和土木工程混淆起来,以为凡是土木工程都是建筑。也有很多人以为建筑仅仅是一种艺术。还有一种看法说建筑是工程和艺术的结合,但把这艺术看成将工程美化的艺术,如同舞台上把一个演员化装起来那样。这些理解都是不全面的,不正确的。

两千年前,罗马的一位建筑理论家维特鲁维(Vitruvius)曾经指出,建筑的三要素是适用、坚固、美观。从古以来,任何人盖房子都必首先有一个明确的目的,是为了满足生产或生活中某一特定的需要。房屋必须具有与它的需要相适应的坚固性。在这两个前提下,它还必须美观。必须三者具备,才够得上是一座好建筑。

适用是人类进行建筑活动和一切创造性劳动的首要要求。从单纯的适用观点来说,一件工具、器皿或者机器,例如一个能用来喝水的杯子,一台能拉二千五百吨货物、每小时跑八十到一百二十公里的机车,就都算满足了某一特定的需要,解决了适用

---

① 数学符号中,⊂表示被包含于,∪表示结合。

的问题。但是人们对于建筑的适用的要求却是层出不穷、十分多样化而复杂的。比方说,住宅建筑应该说是建筑类型中比较简单的课题了,然而在住宅设计中,除了许多满足饮食起居等生理方面的需要而外,还有许多社会性的问题。例如这个家庭的人口数和辈分(一代、两代或者三代乃至四代),子女的性别和年龄(幼年子女可以住在一起,但到了十二三岁,儿子和女儿就需要分住),往往都是在不断发展改变着。生老病死,男婚女嫁,如何使一所住宅能够适应这种不断改变着的需要,就是一个极难尽满人意的难题。又如一位大学教授的住宅就需要一间可以放很多书架的安静的书斋,而一位电焊工人就不一定有此需要。仅仅满足了吃饭、睡觉等问题,而不解决这些社会性的问题,一所住宅就不是一所适用的住宅。

至于生产性的建筑,它的适用问题主要由工艺操作过程来决定。它必须有适合于操作需要的车间,而车间与车间的关系则需要适合于工序的要求。但是既有厂房,就必有行政管理的办公楼,它们之间必然有一定的联系。办公楼里面,又必然要按企业机构的组织形式和行政管理系统安排各种房间。既有工厂就有工人、职员,就必须建造职工住宅(往往是成千上万的工人),形成成街成坊成片的住宅区。既有成千上万的工人,就必然有各种人数、辈分、年龄不同的家庭结构。既有住宅区,就必然有各种商店、服务业、医疗、文娱、学校、幼托机构等等的配套问题。当一系列这类问题提到设计任务书上来的时候,一个建筑设计人员就不得不做一番社会调查研究的工作了。

推而广之,当成千上万座房屋聚集在一起而形成一个城市的时候,从一个城市的角度来说,就必须合理布置全市的工业企业,各级行政机构,以及全市居住、服务、教育、文娱、医卫、供应等等建筑。还有由于解决这千千万万的建筑之间的交通运输的街道系统和市政建设等问题,以及城市街道与市际交通的铁路、公路、水路、空运等衔接联系的问题,这一切都必须全面综合地予以考虑,并且还要考虑到城市在今后十年、二十年乃至四五十年间的发展。这样,建筑工作就必须根据国家的社会制度、国民经济发展的计划,结合本城市的自然环境——地理、地形、地质、水文、气候等等和整个城市人口的社会分析来进行工作。这时候,建筑师就必须在一定程度上成为一位社会科学(包括政治经济学)家了。

一个建筑师解决这些问题的手段就是他所掌握的科学技术。对一座建筑来说,当他全面综合地研究了一座建筑物各方面的需要和它的自然环境和社会环境(在城市中什么地区,左邻右舍是些什么房屋)之后,他就按照他所能掌握的资金和材料,确定一座建筑物内部各个房间的面积、体积,予以合理安排。不言而喻,各个房间与房间之间,分隔与联系之间,都是充满了矛盾的。他必须求得矛盾的统一,使整座建筑能最大限度地满足适用的要求,提出设计方案。

其次,方案必须经过结构设计,用各种材料建成一座座具体的建筑物。这项工作,在古代是比较简单的。从上古到十九世纪中叶,人类所掌握的建筑材料无非就是砖、瓦、木、灰、砂、石。

房屋本身也仅仅是一个"上栋下宇，以蔽风雨"的"壳子"。建筑工种主要也只有木工、泥瓦工、石工三种。但是今天情形就大不相同了。除了砖、瓦、木、灰、砂、石之外，我们已经有了钢铁、钢筋混凝土、各种合金，乃至各种胶合料、塑料等等新的建筑材料，以及与之同来的新结构、新技术。而建筑物本身内部还多出了许多"五脏六腑""筋络管道"，有"血脉"，有"气管"，有"神经"，有"小肠""大肠"等等。它的内部机电设备——采暖、通风、给水、排水、电灯、电话、电梯、空气调节(冷风、热风)、扩音系统等等，都各是一门专门的技术科学，各有其工种，各有其管道线路系统。它们之间又是充满了矛盾的。这一切都必须各得其所地妥善安排起来。今天的建筑工作的复杂性绝不是古代的匠师们所能想象的。但是我们必须运用这一切才能满足越来越多、越来越高的各种适用上的要求。

因此，建筑是一门技术科学——更准确地说，是许多门技术科学的综合产物。这些问题都必须全面综合地从工程、技术上予以解决。打个比喻，建筑师的工作就和作战时的参谋本部的工作有点类似。

到这里，他的工作还没有完。一座房屋既然建造起来，就是一个有体有形的东西，因而就必然有一个美观的问题。它的美观问题是客观存在的。因此，人们对建筑就必然有一个美的要求。事实是，在人们进入一座房屋之前，在他意识到它适用与否之前，他的第一个印象就是它的外表的形象：美或丑。这和我们第一次认识一个生人的观感的过程是类似的。但是，一个人是活的,除去他的姿容、服饰之外,更重要的还有他的品质、性格、风格等。他可以其貌不扬、不修边幅而无损于他的内在的美。但一座建筑物却不同,尽管它既适用,又坚固,人们却还要求它是美丽的。

因此,一个建筑师必须同时是一个美术家。因此建筑创作的过程,除了要从社会科学的角度分析并认识适用的问题,用技术科学来坚固、经济地实现一座座建筑以解决这适用的问题外,还必须同时从艺术的角度解决美观的问题。这也是一个艺术创作的过程。

必须明确,这三个问题不是应该分别各个孤立地考虑解决的,而是应该从一开始就综合考虑的。同时也必须明确,适用和坚固、经济的问题是主要的,而美观是从属的、派生的。

从学科的配合来看,我们可以得出这样一个公式:建筑⊂(社会科学∪技术科学∪美术),也可以用这图表达出来:

这就是我对党的建筑方针——适用,经济,在可能条件下注意美观——如何具体化的学科分析。

拙匠随笔(二)：
建筑师是怎样工作的

上次谈到建筑作为一门学科的综合性,有人就问:"那么,一个建筑师具体地又怎样进行设计工作呢?"多年来就不断地有人这样问过。

首先应当明确建筑师的职责范围。概括地说,他的职责就是按任务提出的具体要求,设计最适用、最经济、符合于任务要求的坚固度而又尽可能美观的建筑;在施工过程中,检查并监督工程的进度和质量;工程竣工后还要参加验收的工作。现在主要谈谈设计的具体工作。

设计曾先是用草图的形式将设计方案表达出来。如同绘画的创作一样,设计人必须"意在笔先"。但是这个"意"不像画家的"意"那样只是一种意境和构图的构思(对不起,画家同志们,我有点简单化了!),而需要有充分的具体资料和科学根据。他必须先做大量的调查研究,而且还要体验生活。所谓"生活",主要的固然是人的生活,但在一些生产性建筑的设计中,他还需要体验一些高炉、车床、机器等等的"生活"。他的立意必须受到自然条件,各种材料技术条件,城市(或乡村)环境,人力、财力、物力以及国家和地方的各种方针、政策、规范、定额、指标等等的限制。有时他简直是在极其苛刻的羁绊下进行创作。不言而喻,这一切之间必然充满了矛盾。建筑师"立意"的第一步就是掌握这些情况,统一它们之间的矛盾。

具体地说:他首先要从适用的要求下手,按照设计任务书提出的要求,拟定各种房间的面积、体积。房间各有不同用途,必须分隔,但彼此之间又必然有一定的关系,必须联系。因此必须全面综合考虑,合理安排——在分隔之中求得联系,在联系之中求得分隔。这种安排很像摆七巧板。

什么叫合理安排呢? 举一个不合理的(有点夸张到极端化的)例子。假使有一座北京旧式五开间的平房,分配给一家人用。这家人需要客厅、餐厅、卧室、卫生间、厨房各一间。假使把这五间房间这样安排:

可以想象,住起来多么不方便! 客人来了要通过卧室才走进客厅,买来柴米油盐鱼肉蔬菜也要通过卧室、客厅才进厨房,开饭又要端着菜饭走过客厅、卧室才到餐厅,半夜起来要走过餐厅才能到卫生间解手! 只有"饭前饭后要洗手"比较方便。假使改成这样:

就比较方便合理了。

当一座房屋有十几、几十,乃至几百间房间都需要合理安排的时候,它们彼此之间的相互关系就更加多方面而错综复杂,更不能像我们利用这五间老式平房这样通过一间走进另一间,因而还要加上一些除了走路之外更无他用的走廊、楼梯之类的"交通面积"。房间的安排必须反映并适应组织系统或生产程序和生活的需要。这种安排有点像下棋,要使每一子、每一步都和别的棋子有机地联系着,息息相关,但又须有一定的灵活性以适应改作其他用途的可能。当然,适用的问题还有许多其他方面,如日照(朝向)、避免城市噪音、通风等等,都要在房间布置安排上给予考虑。这叫作"平面布置"。

但是平面布置不能单纯从适用方面考虑。必须同时考虑到它的结构。房间有大小高低之不同,若完全由适用决定平面布置,势必有无数大小高低不同、参差错落的房间,建造时十分困难,外观必杂乱无章。一般地说,一座建筑物的外墙必须是一条直线(或曲线)或不多的几段直线。里面的隔断墙也必须按为数不太多的几种距离安排,楼上的墙必须砌在楼下的墙上或者一根梁上。这样,平面布置就必然会形成一个棋盘式的网格。即使有些位置上不用墙而用柱,柱的位置也必须像围棋子那样立在网格的十字交叉点上——不能使柱子像原始森林中的树那

样随便乱长在任何位置上。这主要是由于使承托楼板或屋顶的梁的长度不致长短参差不齐而决定的。这叫作"结构网"。（见后图）

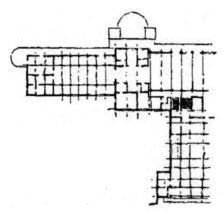

结构网示例（北京航空港部分平面）。"—·—·—"就是一般看不见的"结构网"。

在考虑平面布置的时候，设计人就必须同时考虑到几种最能适应任务需求的房间尺寸的结构网。一方面必须把许多房间都"套进"这结构网的"框框"里；另一方面又要深入细致地从适用的要求以及建筑物外表形象的艺术效果上去选择，安排它的结构网。适用的考虑主要是对人，而结构的考虑则要在满足适用的大前提下，考虑各种材料技术的客观规律，要尽可能发挥其可能性而巧妙地利用其局限性。

事实上，一位建筑师是不会忘记他也是一位艺术家的"双重身份"的。在全面综合考虑并解决适用、坚固、经济、美观问题的同时,当前三个问题得到圆满解决的初步方案的时候,美观的问题,主要是建筑物的总的轮廓、姿态等问题,也应该基本上得到解决。

当然,一座建筑物的美观问题不仅在它的总轮廓,还有各部分和构件的权衡、比例、尺度、节奏、色彩、表质和装饰等等,犹如一个人除了总的体格身段之外,还有五官、四肢、皮肤等,对于他的美丑也有极大关系。建筑物的每一细节都应当从艺术的角度仔细推敲,犹如我们注意一个人的眼睛、眉毛、鼻子、嘴、手指、手腕等等。还有脸上是否要抹一点脂粉,眉毛是否要画一画,这一切都是要考虑的。在设计推敲的过程中,建筑师往往用许多外景、内部、全貌、局部、细节的立面图或透视图,素描或者着色,或用模型,作为自己研究推敲,或者向业主说明他的设计意图的手段。

当然,在考虑这一切的同时,在整个构思的过程中,一个社会主义的建筑师还必须时时刻刻绝不离开经济的角度去考虑,除了"多、快、好"之外,还必须"省"。

一个方案往往是经过若干个不同方案的比较后决定下来的。我们首都的人民大会堂、革命历史博物馆、美术馆等方案就是这样决定的。决定下来之后,还必然要进一步深入分析、研究,经过多次重复修改,才能做最后定案。

方案决定后,下一步就要做技术设计,由不同工种的工程师,首先是建筑师和结构工程师,以及其他各种——采暖、通风、照明、给水排水等——设备工程师进行技术设计。在这阶段中,建筑物里里外外的一切,从房屋的本身的高低、大小,每一梁、一柱、一墙、一门、一窗、一梯、一步、一花、一饰,到一切设备,都必须用准确的数字计算出来,画成图样。恼人的是,各种设备之间以及它们和结构之间往往是充满了矛盾的。许多管道线路往往会在墙壁里面或者顶棚上面"打架",建筑师就必须会同各工种的工程师做汇总综合的工作,正确处理建筑内部矛盾的问题,一直到适用、结构、各种设备本身技术上的要求和它们的作用的充分发挥、施工的便利等方面都各得其所,互相配合而不是互相妨碍、扯皮,然后绘制施工图。

施工图必须准确,注有详细尺寸,要使工人拿去就可以按图施工。施工图有如乐队的乐谱,有综合的总图,有如"总谱";也有不同工种的图,有如不同乐器的"分谱"。它们必须协调、配合。详细具体内容就不必多讲了。

设计制图不是建筑师唯一的工作。他还要对一切材料、做法编写详细的"做法说明书",说明某一部分必须用哪些哪些材料如何如何地做。他还要编订施工进度、施工组织、工料用量等等的初步估算,做出初步估价预算。必须根据这些文件,施工部门才能够做出准确的详细预算。

但是,他的设计工作还没有完。随着工程施工开始,他还需要配合施工进度,经常赶在进度之前,提供各种详图(当然,各工种也要及时地制出详图)。这些详图除了各部分的构造细节之外,还有里里外外大量细节(有时我们管它叫作"细部")的艺术处理、艺术加工。有些比较复杂的结构、构造和艺术要求比较

高的装饰性细节,还要用模型(有时是"足尺"模型)来作为详图
的一种形式。在施工过程中,还可能临时发现由于设计中或施
工中的一些疏忽或偏差而使结构"对不上头"或者"合不上口"
的地方,这就需要临时修改设计。请不要见笑,这等窘境并不是
完全可以避免的。

　　除了建筑物本身之外,周围环境的配合处理,如绿化和装饰
性的附属"小建筑"(灯杆、喷泉、条凳、花坛乃至一些小雕像等
等)也是建筑师设计范围内的工作。

　　就一座建筑物来说,设计工作的范围和做法大致就是这样。
建筑是一种全民性的、体积最大、形象显著、"寿命"极长的"创
作"。谈谈我们的工作方法,也许可以有助于广大的建筑使用
者,亦即六亿五千万"业主"更多地了解这　行当,更多地帮助
我们,督促我们,鞭策我们。

拙匠随笔（三）：
千篇一律与千变万化

在艺术创作中，往往有一个重复和变化的问题：只有重复而无变化，作品就必然单调枯燥；只有变化而无重复，就容易陷于散漫零乱。在有持续性的作品中，这一问题特别重要。我所谓持续性，有些是由于作品或者观赏者由一个空间逐步转入另一空间，所以同时也具有时间的持续性，成为时间、空间的综合的持续。

音乐就是一种时间持续的艺术创作。我们往往可以听到在一首歌曲或者乐曲从头到尾持续的过程中，总有一些重复的乐句、乐段——或者完全相同，或者略有变化。作者通过这些重复而取得整首乐曲的统一性。

音乐中的主题和变奏也是在时间持续的过程中，通过重复和变化而取得统一的另一例子。在舒伯特的《鳟鱼五重奏》中，我们可以听到持续贯串全曲的、极其朴素明朗的"鳟鱼"主题和它的层出不穷的变奏。但是这些变奏又万变不离其宗——主题。水波涓涓的伴奏也不断地重复着，使你形象地看到几条鳟鱼在这片伴奏的"水"里悠然自得地游来游去嬉戏，从而使你

"知鱼之乐"焉。

舞台上的艺术大多是时间与空间的综合持续。几乎所有的舞蹈都要将同一动作重复若干次，并且往往将动作的重复和音乐的重复结合起来，但在重复之中又给以相应的变化；通过这种重复与变化以突出某一种效果，表达出某一种思想感情。

在绘画的艺术处理上，有时也可以看到这一点。

宋朝画家张择端的《清明上河图》（故宫博物院藏，文物出版社有复制本）是我们熟悉的名画。它的手卷的形式赋予它以空间、时间都很长的持续性。画家利用树木、船只、房屋，特别是那无尽的瓦垄的一些共同特征，重复排列，以取得几条街道（亦即画面）的统一性。当然，在重复之中同时还闪烁着无穷的变化。不同阶段的重点也螺旋式地变换着在画面上的位置，步步引人入胜。画家在你还未意识到以前，就已经成功地以各式各样的重复把你的感受的方向控制住了。

宋朝名画家李公麟在他的《放牧图》（《人民画报》1961年第六期有这幅名画的部分复制品）中对于重复性的运用就更加突出了。整幅手卷就是无数匹马的重复，就是一首乐曲，用"骑"和"马"分成几个"主题"和"变奏"的"乐章"。表示原野上低伏缓和的山坡的寥寥几笔线条和疏疏落落的几棵孤单的树就是它的"伴奏"。这种"伴奏"（背景）与主题间简繁的强烈对比也是画家惨淡经营的匠心所在。

上面所谈的那种重复与变化的统一在建筑物形象的艺术效

果上起着极其重要的作用。古今中外的无数建筑,除去极少数例外,几乎都以重复运用各种构件或其他构成部分作为取得艺术效果的重要手段之一。

就举首都人民大会堂为例。它的艺术效果中一个最突出的因素就是那几十根柱子。虽然在不同的部位上,这一列和另一列柱在高低大小上略有不同,但每一根柱子都是另一根柱子的完全相同的简单重复。至于其他门、窗、檐、额等等,也都是一个个依样葫芦。这种重复却是给予这座建筑以其统一性和雄伟气概的一个重要因素,是它的形象上最突出的特征之一。

历史中最突出的一个例子是北京的明清故宫。从(已被拆除了的)中华门(大明门、大清门)开始就以一间接着一间,重复了又重复的千步廊一口气排列到天安门。从天安门到端门、午门又是一间间重复着的"千篇一律"的朝房。再进去,太和门和太和殿、中和殿、保和殿成为一组的"前三殿"与乾清门和乾清宫、交泰殿、坤宁宫成为一组的"后三殿"的大同小异的重复,就更像乐曲中的"主题"和"变奏";每一座的本身也是许多构件和构成部分(乐句、乐段)的重复;而东西两侧的廊、庑、楼、门,又是比较低微的,以重复为主但亦有相当变化的"伴奏"。然而整个故宫,它的每一个组群,却全部都是按照明清两朝工部的"工程做法"的统一规格、统一形式建造的,连彩画、雕饰也尽如此,都是无尽的重复。我们完全可以说它们"千篇一律"。

但是,谁能不感到,从天安门一步步走进去,就如同置身于一幅大手卷里漫步;在时间持续的同时,空间也连续着流动。那些殿堂、楼门、廊庑虽然制作方法千篇一律,然而每走几步,前瞻后顾,左睇右盼,那整个景色,轮廓、光影,却都在不断地改变着;一个接着一个新的画面出现在周围,千变万化。空间与时间、重复与变化的辩证统一在北京故宫中达到了最高的成就。

颐和园里的谐趣园,绕池环览整整三百六十度周圈,也可以看到这点。

至于颐和园的长廊,可谓千篇一律之尤者也。然而正是那目之所及的无尽的重复,才给游人以那种只有它才能给的特殊感受。大胆来个荒谬绝伦的设想:那八百米长廊的几百根柱子,几百根梁枋,一根方,一根圆,一根八角,一根六角;一根肥,一根瘦,一根曲,一根直……一根木,一根石,一根铜,一根钢筋混凝土……一根红, 根绿,一根黄,一根监……一根素净无饰,一根高浮盘龙,一根浅雕卷草,一根彩绘团花……这样千变万化地排列过去,那长廊将成何景象?!

有人会问:那么走到长廊以前,乐寿堂临湖回廊墙上的花窗不是各具一格、千变万化的吗? 是的。就回廊整体来说,这正是一个"大同小异",大统一中的小变化的问题,既得花窗"小异"之谐趣,无伤回廊"大同"之统一。且先以这样花窗小小变化,作为廊柱无尽重复的"前奏",也是一种"欲扬先抑"的手法。

翻开一部世界建筑史,凡是较优秀的个体建筑或者组群,一条街道或者一个广场,往往都以建筑物形象重复与变化的统一而取胜。说是千篇一律,却又千变万化。每一条街都是一轴"手卷"、一首"乐曲"。千篇一律和千变万化的统一在城市面貌上起着重要作用。

十二年来,我们规划设计人员在全国各城市的建筑中,在这一点上做得还不能尽满人意。为了多快好省,我们做了大量标准设计,但是"好"中既也包括艺术的一面,就也"百花齐放"。我们有些住宅区的标准设计千篇一律到孩子哭着找不到家;有些街道又一幢房子一个样式、一个风格,互不和谐,即使它们本身各自都很美观,放在一起就都"损人"且不"利己",千变万化到令人眼花缭乱。我们既要百花齐放、丰富多彩,却要避免杂乱无章、相互减色;既要和谐统一、全局完整,却要避免千篇一律、单调枯燥。这恼人的矛盾是建筑师们应该认真琢磨的问题。今天先把问题提出,下次再看看我国古代匠师,在当时条件下,是怎样统一这矛盾而取得故宫、颐和园那样的艺术效果的。

拙匠随笔（四）：
从"燕用"——不祥的谶语说起

　　传说宋朝汴梁有一位巧匠，汴梁宫苑中的屏扆窗牖，凡是他制作的，都刻上自己的姓名——燕用。后来金人破汴京，把这些门、窗、隔扇、屏风等搬到燕京（今北京），用于新建的宫殿中，因此后人说："用之于燕，名已先兆。"匠师在自己的作品上签名，竟成了不祥的谶语！

　　其实"燕用"的何止一些门、窗、隔扇、屏风？据说宋徽宗赵佶"竭天下之富"营建汴梁宫苑，金人陷汴京，就把那一座座宫殿"输来燕幽"。金燕京（后改称中都）的宫殿，有一部分很可能是由汴梁搬来的。否则那些屏扆窗牖，也难"用之于燕"。

　　原来，中国传统的木结构是可以"搬家"的。今天在北京陶然亭公园，湖岸山坡上挺秀别致的叠韵楼是前几年我们从中南海搬去的。兴建三门峡水库的时候，我们也把水库淹没区内元朝建造的道观——永乐宫组群——由山西芮城县永乐镇搬到四五十里外的龙泉村附近。

　　为什么千百年来，我们可以随意把一座座殿堂楼阁搬来搬去呢？用今天的术语来解释，就是因为中国的传统木结构采用的是一种"标准设计,预制构件,装配式施工"的"框架结构",只要把那些装配起来的标准预制构件——柱、梁、枋、檩、门、窗、隔扇等等拆卸开来,搬到另一个地方,重新装配起来,房屋就"搬家"了。

从前盖新房子,在所谓"上梁"的时候,往往可以看到双柱上贴着红纸对联:"立柱适逢黄道日,上梁正遇紫微星。"这副对联正概括了我国世世代代匠师和人民对于房屋结构的基本概念。它说明:由于我国传统的结构方法是一种我们今天所称"框架结构"的方法——先用柱、梁搭成框架;在那些横梁直柱所形成的框框里,可以在需要的位置上,灵活地或者砌墙,或者开门开窗,或者安装隔扇,或者空敞着;上层楼板或者屋顶的重量,全部由框架的梁和柱负荷。可见柱、梁就是房的骨架,立柱上梁就成为整座房屋施工过程中极其重要的环节,所以需要挑一个"黄道吉日",需要"正遇紫微星"的良辰。

从殷墟遗址看起,一直到历代无数的铜器和漆器的装饰图案,墓室、画像石、明器、雕刻、绘画和建筑实例,我们可以得出结论:这种框架结构的方法,在我国至少已有三千多年的历史了。

在漫长的发展过程中,世世代代的匠师衣钵相承,积累了极其丰富的经验。到了汉朝,这种结构方法已臻成熟,在全国范围内,不但已经形成了一个高度系统化的结构体系,而且在解决结构问题的同时,也用同样高度系统化的体系解决了艺术处理的问题。由于这种结构方法内在的可能性,匠师们很自然地就把设计、施工方法向标准化的方向推进,从而使得预制和装配有了可能。

至迟从唐代开始,历代的封建王朝为了统一营建的等级制度,保证工程质量,便利工料计算,同时还为了保证建筑物的艺术效果,在这一结构体系下,都各自制订一套套的"法式""做法"之类。到今天,在我国浩如烟海的古籍遗产中,还可以看到两部全面阐述建筑设计、结构、施工的高度系统化的术书——北宋末年的《营造法式》(商务印书馆,1919 年石印的手抄本,1929 年仿宋重刻本)和清雍正年间的《工部工程做法则例》(清雍正间工部颁行本)。此外,各地还有许多地方性的《鲁班经》《木经》之类。它们都是我们珍贵的遗产。

《营造法式》是北宋官家管理营建的"规范"。今天的流传本是"将作少监"李诚"奉敕"重新编修的,于哲宗元符三年(1100 年)成书。全书三十四卷,内容包括"总释",各"作"(共十三种工种)的"制度"、"功限"(劳动定额)、"料例"和"图样"。在序言和"札子"①里,李诚说这书是"考阅旧章,稽参众智",又"考究经史群书,并勒人匠逐一讲说"而编修成功的。在八百六十多年前,李诚等不但能总结了过去的"旧章"和"经史群书"的经验,而且能够"稽参"了文人和工匠的"众智",编写出这样一部具有相当高度系统性、科学性和实用性的技术书,的确是空前的。

从这部《营造法式》中,我们看到它除了能够比较全面综合地考虑到各作制度、料例、功限问题外,联系到上次《随笔》中谈

---

① 札子:用于上奏或启事的公文。

到的重复与变化的问题,我们注意到它还同时极其巧妙地解决了装配式标准化预制构件中的艺术性问题。

《营造法式》中一切木结构的制度"皆以材为祖。材有八等,度屋之大小,因而用之"。这"材"既是一种标准构材,同时各等材的断面的广(高度)、厚(宽度)以及以材厚的十分之一定出来的"分"又都是最基本的模数。"凡屋宇之高深,名物(构件)之短长,(屋顶的)曲直举折之势,规矩绳墨之宜,皆以所用材之分,以为制度焉"。从制度和宋代实例中看到,大至于整座建筑的平面、断面、立面的大比例、大尺寸,小至于一件件构件的艺术处理、曲线"卷杀",都是以材分的相对比例而不是以绝对尺寸设计的。这就在很大程度上统一了宋代建筑在艺术形象上的独特风格的高度共同性。当然也应指出,有些构件,由于它们本身的特殊性质,是用实际尺寸规定的。这样,结构、施工和艺术的许多问题就都天衣无缝地统一解决了。同时我们也应注意到,制度中某些条文下也常有"随宜加减"的词句。在严格制度下,还是允许匠师们按情况的需要,发挥一定的独创的自由。

清《工部工程做法则例》也是同类型的"规范",雍正十二年(1734年)颁布。全书七十四卷,主要部分开列了二十七座不同类型的具体建筑物和十一等大小斗拱的具体尺寸,以及其他各作"做法"和工料估算法,不像《法式》那样用原则和公式的体裁。许多艺术加工部分并未说明,只凭匠师师徒传授。北京的故宫、天坛、三海、颐和园、圆明园(1860年毁于英法侵略联军)等宏伟瑰丽的组群,就都是按照这"千篇一律"的"做法"而取得其"千变万化"的艺术效果的。

今天,我们为了多快好省地建设社会主义,设计标准化、构件预制工厂化、施工装配化是我们的方向。我们在适用方面的要求越来越高,越多样化、专门化;无数的新材料、新设备在等待着我们使用,因而就要求更新、更经济的设计、结构和施工技术,同时还必须"在可能条件下注意美观"。我们在"三化"中所面临的问题比古人的复杂、繁难何止百十倍! 我们应该怎样做?这正是我们需要研究的问题。

拙匠随笔（五）：
从拖泥带水到干净利索

"结合中国条件，逐步实现建筑工业化。"这是党给我们建筑工作者指出的方向。我们是不可能靠手工业生产方式来多快好省地建设社会主义的。

十九世纪中叶以后，在一些技术先进的国家里生产已逐步走上机械化生产的道路。唯独房屋的建造，却还是基本上以手工业生产方式施工。虽然其中有些工作或工种，如土方工程，主要建筑材料的生产、加工和运输，都已逐渐走向机械化，但到了每一栋房屋的设计和建造，却还是像千百年前一样，由设计人员各别设计，由建筑工人用双手将一块块砖、一块块石头，用湿淋淋的灰浆垒砌；把一副副的桁架、梁、柱，就地砍锯刨凿，安装起来。这样设计，这样施工，自然就越来越难以适应不断发展的生产和生活的需要了。

第一次世界大战后，欧洲许多城市遭到破坏，亟待恢复、重建，但人力、物力、财力又都缺乏，建筑师、工程师们于是开始探索最经济的建造房屋的途径。这时期他们努力的主要方向在摆脱欧洲古典建筑的传统形式以及繁缛雕饰，以简化设计施工的

RULES FOR STRUCTURAL CARPENTRY ACCORDING TO YING-TSAO-FA-SHIH.

A TREATISE ON ARCHITECTURE BY LI CHIEH, COURT ARCH- ITECT OF THE SUNG DYNASTY, FIRST PUBLISHED IN 1103 A.D.

宋營造法式
大木作制度
圖樣要略

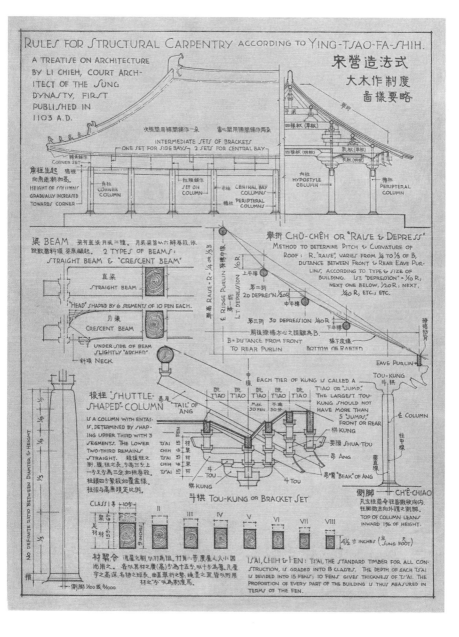

INTERMEDIATE SETS OF BRACKETS ·ONE SET FOR SIDE BAYS· 2 SETS FOR CENTRAL BAY·

次間間用補間鋪作一朶   當心間用補間鋪作兩朶

轉角鋪作
CORNER SET

角柱生起 物高
向角逐間加高.
HEIGHT OF COLUMNS
GRADUALLY INCREASED
TOWARDS CORNER

角柱
CORNER
COLUMN

柱頭鋪作
SET ON
COLUMN

次間   中間
CENTRAL BAY
COLUMNS

檐柱
PERIPTERAL
COLUMNS

平柱
乳栿(乳栿)

四椽栿(劄牽)

四椽栿(乳栿)

內柱
HYPOSTYLE
COLUMN

檐柱
PERIPTERAL
COLUMN

梁 BEAM

梁有直梁月梁二種. 月梁梁首以六瓣卷殺.梁底
跳敷應項梁底劄起.
2 TYPES OF BEAMS:
STRAIGHT BEAM & "CRESCENT BEAM"

直梁
STRAIGHT BEAM

"HEAD" SHAPED BY 6 SEGMENTS OF 10 PEN EACH.

月梁
CRESCENT BEAM

UNDERSIDE OF BEAM SLIGHTLY "ARCHED".

斜項 NECK

舉折 CHÜ-CHÊH OR "RAISE & DEPRESS"

METHOD TO DETERMINE PITCH & CURVATURE OF ROOF: R "RAISE", VARIES FROM ¼ TO ⅓ OF B, DISTANCE BETWEEN FRONT & REAR EAVE PUR- LINS, ACCORDING TO TYPE & SIZE OF BUILDING. 1ST "DEPRESSION" = ⅒ R, NEXT ONE BELOW, 1/20 R, NEXT, 1/40 R, ETC, ETC.

舉高 RAISE = R = ¼ ~ ⅓ B

脊榑 RIDGE PURLIN

上平榑
第一折 LT DEPRES'N ⅒ R
2D DEPRES'N 1/20 R
中平榑
第二折
3D DEPRESSION 1/40 R
第三折
下平榑

肩後撩檐方心之距離為B.
B= DISTANCE FROM FRONT TO REAR PURLIN

猫下皮線
BOTTOM OF RAFTER

搏風板

EAVE PURLIN

斗栱 TOU-KUNG

梭柱 "SHUTTLE- SHAPED"-COLUMN

易尾 "TAIL" OF ANG

中線

EACH TIER OF KUNG IS CALLED A T'IAO OR "JUMP". THE LARGEST TOU- KUNG SHOULD NOT HAVE MORE THAN 5 "JUMPS", FRONT OR REAR

跳 T'IAO   跳 T'IAO   跳 T'IAO   跳 T'IAO   跳 T'IAO

IS A COLUMN WITH ENTASIS, DETERMINED BY SHAP- ING UPPER THIRD WITH 3 SEGMENTS. THE LOWER TWO-THIRD REMAINS STRAIGHT.

梭柱杜之
制, 隨柱之長,
分為三分.上
一分又分為三分,如栱卷殺.
柱腳四分繁殺如覆盆棱,
柱經與高無定比例.

MAX. 30 FEN   不遇 30 分

柱 COLUMN

栱 KUNG

耍頭 SHUA-TOU

易 ANG

易嘴 "BEAK" OF ANG

材 15   FEN
栔   6 FEN
材 15

栔 TS'AI
栔 CHIH
材 TS'AI

斗 TOU

斗栱 Tou-Kung or Bracket Set

栱 KUNG

柱 Tou

柱中線

靈直線

側腳 CH'Ê-CHIAO

凡立柱並令柱首微收向內,
柱腳微直向外之謂之側腳.
TOP OF COLUMN LEANS INWARD 1% OF HEIGHT.

NO DEFINITE RATIO BETWEEN DIAMTER & HEIGHT

徑

側腳 1/100 或 8/1000

CLASS I 等 = 105分

II   III   IV   V   VI   VII   VIII

栔 CHIH   15分

材 TS'AI

9 INCHES

4½ 寸 INCHES

宋 (SUNG FOOT)

材栔分 TS'AI, CHIH & FEN:

材栔分 凡屋之制,以材為祖.材有八等.
而用之.各以其材之廣(高)
分為十五分,以十分為其厚.凡屋
宇之高深.名物之短長.曲直舉折之勢.無不
皆以所用材之分.以為制度焉.

TS'AI, CHIH & FEN: TS'AI, THE STANDARD TIMBER FOR ALL CON- STRUCTION, IS GRADED INTO 8 CLASSES. THE DEPTH OF EACH TS'AI IS DIVIDED INTO 15 FENS; 10 FENS GIVES THICKNESS OF TS'AI. THE PROPORTION OF EVERY PART OF THE BUILDING IS THUS MEASURED IN TERMS OF THE FEN.

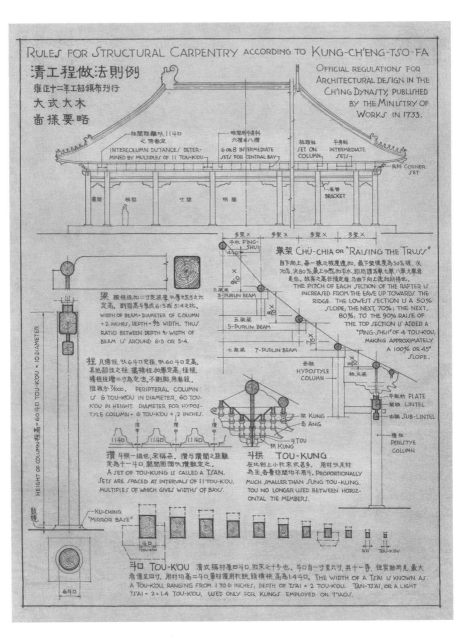

Rules for Structural Carpentry according to Kung-Ch'eng-Tso-Fa

清工程做法則例
雍正十二年工部頒刊行
大式大木
圖樣要略

Official regulations for Architectural Design in the Ch'ing Dynasty, published by the Ministry of Works in 1733.

柱間距離以11斗口之倍數定
Intercolumn distances determined by multiples of 11 tou-k'ou

咧間用頻斗科六攢或八攢
6 or 8 intermediate sets for central bay

柱頭科
Set on column

平身科
Intermediate sets

角科 Corner set

稍間　梢間　次間　明間

卷簷 Bracket

梁 跟柱徑加二寸定梁厚以厚之五分之六定高。斷面高與寬成6:5或5:4之比。
Width of beam = diameter of column + 2 inches; depth = 6/5 width. Thus ratio between depth & width of beam is around 6:5 or 5:4.

柱 凡搪柱以6斗口定徑，以60斗口定高，其他部位之柱，隨搪柱加舉定高，柱徑搪柱徑增一寸定之。不削脚，惟卷殺，惟收小 7/1000。Peripteral column is 6 tou-k'ou in diameter, 60 tou-k'ou in height. Diameter for hypostyle column = 6 tou-k'ou + 2 inches.

柱高以60斗口=10 Diameter
Height of column

11斗口　11斗口　11斗口

攢 斗拱之別也，宋稱朶。攢與攢間之距離定為十一斗口，開間面闊即以攢數定之。
A set of tou-kung is called a tsan. Sets are spaced at intervals of 11 tou-k'ou, multiples of which gives widths of bays.

鼓鏡
Ku-ching "Mirror base"

4口

6斗口

舉架 Chü-chia or "Raising the Truss"
自下向上，每一採之坡度遞加，其最下架坡度為50%坡，次70%，次80%，次90%至於平水，即與頂頭至單七架，八架九架者是也。故架之高非預定者，由由下向上流加所得也。
The pitch of each section of the rafter is increased from the eave up towards the ridge. The lowest section is a 50% slope, the next, 70%; the next, 80%; to the 90% raise of the top section is added a "p'ing-shui" of 4 tou-k'ou, making approximately a 100% or 45° slope.

步梁 X
平水 P'ing-shui 4口

三架梁
3-Purlin Beam

五架梁
5-Purlin Beam

七架梁 7-Purlin Beam

金柱 Hypostyle column

拱 Kung
昂 Ang

斗 Tou
拱 Kung

斗拱 Tou-kung
在比例上小於宋式甚多，用以足材為主，各曇榜間均不用斗。Proportionally much smaller than Sung tou-kung. Tou no longer used between horizontal tie members.

平板枋 Plate
額枋 Lintel
由頭 Sub-Lintel

簷柱 Peristyle column

斗口 Tou-k'ou
清式擇材屋曰斗口，即宋之十分也。斗口自一寸至六寸，共十一等。但實物所見，最大者僅至四寸，用材高二斗口，單材僅用於批頭橫拱，高為1.4斗口。The width of a tou-k'ou is known as a tou-k'ou, ranging from 1 to 6 inches, depth of ts'ai = 2 tou-k'ou. Tan-ts'ai, or a light ts'ai = 2×1.4 tou-k'ou, used only for kungs employed on t'iaos.

过程,并且在艺术处理上企图把一些新材料、新结构的特征表现在建筑物的外表上。

第二次世界大战中,造船工业初次应用了生产汽车的方式制造运输舰只,彻底改变了大型船只各别设计、各别制造的古老传统,大大地提高了造船速度。从这里受到启示,建筑师们就提出了用流水线方式来建造房屋的问题,并且从材料、结构、施工等各个方面探索研究,进行设计。"预制房屋"成了建筑界研究试验的中心问题。一些试验性的小住宅也试建起来了。

在这整个探索、研究、试验,一直到初步成功,开始大量建造的过程中,建筑师、工程师们得出的结论是:要大量、高速地建造就必须利用机械施工;要机械施工就必须使建造装配化;要建造装配化就必须将构件在工厂预制;要预制构件就必须使构件的型类、规格尽可能少,并且要规格统一,趋向标准化。因此标准化就成了大规模、高速度建造的前提。

标准化的目的在于便于工厂(或现场)预制,便于用机械装配搭盖,但是又必须便于运输;它必须符合一个国家的工业化水平和人民的生活习惯。此外,既是预制,也就要求尽可能接近完成,装配起来后就无须再加工或者尽可能少加工。总的目的是要求盖房子像孩子玩积木那样,把一块块构件搭在一起,房子就盖起来了。因此,标准应该怎样制订,就成了近二十年来建筑师、工程师们不断研究的问题。

标准之制订,除了要从结构、施工的角度考虑外,更基本的是要从适用——亦即生产和生活的需要的角度考虑。这里面的一个关键就是如何求得一些最恰当的标准尺寸的问题。多样化的生产和生活需要不同大小的空间,因而需要不同尺寸的构件。怎样才能使比较少数的若干标准尺寸足以适应层出不穷的适用方面的要求呢? 除了构件应按大小分为若干等级外,还有一个极重要的模数问题。所谓模数就是一座建筑物本身各部分以及每一主要构件的长、宽、高的尺寸的最大公分数①。每一个重要尺寸都是这一模数的倍数。只要在以这模数构成的"格网"之内,一切构件都可以横、直、反、正、上、下、左、右地拼凑成一个方整体,凑成各种不同长、宽、高比的房间,如同摆七巧板那样,以适应不同的需要。管见认为模数不但要适应生产和生活的需要,适应材料特征,便于预制和机械化施工,而且应从比例上的艺术效果考虑。我国古来虽有"材""分""斗口"等模数传统,但由于它们只适于木材的手工业加工和殿堂等简单结构,而且模数等级太多、单位太小,显然是不能应用于现代工业生产的。

建筑师们还发现仅仅使构件标准化还不够,于是在这基础上,又从两方面进一步发展并扩大了标准化的范畴。一方面是利用标准构件组成各种"标准单元",例如在大量建造的住宅中从一户一室到一户若干室的标准化配合,凑成种种标准单元。一幢住宅就可以由若干个这种或那种标准单元搭配布置。另一方面的发展就是把各种房间,特别是体积不太大而内部管线设备比较复杂的房间,如住宅中的厨房、浴室等,在厂内整体全部预制完成,做成一个个"匣子",运到现扬,吊起安放在设计预定

---

① 即现在所说的最大公约数。

的位置上。这样,把许多"匣子"垒叠在一起,一幢房屋就建成了。

从工厂预制和装配施工的角度考虑,首先要解决的是标准化问题。但从运输和吊装的角度考虑,则构件的最大允许尺寸和重量又是不容忽视的。总的要求是要大而轻。因此,在吊车和载重汽车能力的条件下,如何减轻构件重量,加大构件尺寸,就成了建筑师、工程师,特别是材料工程帅和建筑机械工程师所研究的问题。研究试验的结果:一方面是许多轻质材料,如矿棉、陶粒、泡沫矽酸盐、轻质混凝土等等和一些隔热、隔声材料以及许多新的高强轻材料和结构方法的产生和运用;一方面是各种大型板材(例如一间房间的完整的一面墙做成一整块,包括门、窗、管、线、隔热、隔声、油饰、粉刷等,一应俱全,全部加工完毕),大型砌块,乃至上文所提到的整间房间之预制,务求既大且轻。同时,怎样使这些构件、板材等接合,也成了重要的问题。

机械化施工不但影响到房屋本身的设计,而且也影响到房屋组群的规划。显然,参差错落、变化多端的排列方式是不便于在轨道上移动的塔式起重机的操作的(虽然目前已经有了无轨塔式起重机,但尚未普遍应用)。本来标准设计的房屋就够"千篇一律"的了,如果再呆板地排成行列式,那么,不但孩子,就连大人也恐怕找不到自己的家了。这里存在着尖锐矛盾。在"设计标准化,构件预制工厂化,施工机械化"的前提下圆满地处理建筑物的艺术效果的问题,在"千篇一律"中取得"千变万化",的确不是一个容易答解的课题,需要做巨大努力。我国前代哲匠的传统办法虽然可以略资借鉴,但显然是不能解决今天的问题的。但在苏联和其他技术先进的国家已经有了不少相当成功的尝试。

"三化"是我们多快好省地进行社会主义基本建设的方向。但"三化"的问题是十分错综复杂、彼此牵挂联系着的,必须由规划、设计、材料、结构、施工、建筑机械等方面人员共同研究解决。几千年来,建筑工程都是将原材料运到工地现场加工,"拖泥带水"地砌砖垒石,抹刷墙面、顶棚和门窗、地板的活路。"三化"正在把建筑施工引上"干燥"的道路。近几年来,我国的建筑工作者已开始做了些重点试验,如北京的民族饭店和民航大楼以及一些试点住宅等。但只能说在主体结构方面做到"三化",而在最后加工完成的许多工序上还是不得不用手工业方式"拖泥带水"地结束。"三化"还很不彻底,其中许多问题我们还未能很好地解决。目前基本建设的任务比较轻了。我们应该充分利用这个有利条件,把"三化"作为我们今后一段时期内科学研究的重点中心问题,以期在将来大规模建设中尽可能早日实现建筑工业化。那时候,我们的建筑工作就不要再"拖泥带水"。

第四课　城市建设

市镇的体系秩序

凡是一个机构,必须有组织有秩序方能运用收效。人类群居的地方,所谓市镇者,无论是由一个小村落漫长而成(如古代的罗马、近代的伦敦),或是预先计划,按步建造(如古之长安,今之北平、华盛顿),也都是一种机构。这机构之最高目的在使居民得到最高度的舒适,在使居民工作达到最高度的效率,就是古谚所谓使民"安居乐业"四个字。但若机构不健全,则难期达到目的。

使民"安居乐业"是一个经常存在的社会题,而在战后之中国,更是亟待解决。在我国历史上,每朝兴华,营国筑室,莫不注重民居问题。汉高祖定都关中,"起五里于长安城中,宅二百区以居贫民"。隋文帝以京城宫阙之前,民居杂处,不便于事,于是皇城之内,唯列府寺,不使杂人居止。虽如后周世宗营建汴京,尚且下诏说"闾巷隘狭……多火烛之忧;每遇炎蒸,易生疫疾",所以"开广都邑,展引街坊"时,他知道这工作之困难与可能遇到的阻力,所以引申地解说:"虽然暂劳,久成大利……周览康衢,更思通济。"现在我们适承大破坏之后,复员开始,回看历史建设的史实,前望我们民族将来健康与工作效率所维系,能不致力于复兴市镇之计划?

市镇计划(city planning)虽自古已有,但因各时代生活方式之不同,其观念与着重点时有改变。近数十年来,因受了拿破仑三世时巴黎知事奥斯曼开辟广直的通衢,安置凯旋门或铜像一类的点缀品的影响,社会上竟误认这类市容的装饰与点缀为市镇计划实现之本身,实是莫大的错误。殊不知公元1850年时代的法国,方在开始现代化,还未完全脱离中世纪的生活方式。且在革命骚乱之后,火器刚始发明之时,为维持巴黎社会之安宁与秩序,便利炮车骑兵之疾驰,必须拆除城垣,广开干道,在干道两旁,虽建立制式楼屋,以撑门面,而在楼后湫隘拥挤的小巷贫居,却是当时地方官所不感兴趣的问题。

现代的国家,如英美,以人民的安适与健康为前提,人民生活安适,身心健康,工作效率自然增高。如苏联,以生产量为前提,为求生产效率之增高,必先使人民生活安适,身心健康。无论着重点在哪方面,孰为因果,而人民安适与健康是必须顾到的。假如居住的问题不得合理的解决,则安适与健康无从说起。而居住的问题,又不单是一所住宅或若干所住宅的问题,就是市镇计划的问题。所以市镇计划是民生基本问题之一,其优劣可以影响到一个区域乃至整个市镇的居民的健康和社会道德、工作效率。

中世纪的市镇,其第一要务是保障居民之安全,安全之第一威胁是外来的攻击,其对策是坚厚的城墙、深阔的壕沟为防御。

至于工作,都是小的手工业;交通工具只有牛马车,或驮牲与人力;科学知识未发达,对于卫生上所需的光线与空气既无认识,更谈不到设计;高的疾病死亡率,低的生产率,比起防御攻击之重要,不可同日而语。幸而中世纪的市镇,人口虽然稠密,面积却总很小,所以林野之趣,并不难得。人类几千年来,在那种情形的市镇里亦能生活,产生灿烂的文化。

但自十九世纪后半以来,市镇发生了史无前例的发展,大工业的发达与铁路之建造,促成了畸形的人口集中,在工厂四周滋生了贫民窟(slum),豢养疫疾,制造罪恶。因交通工具之便利,产生了都市中的车辆流通问题,在早午晚上班下班的时候,造成惊人的拥挤现象,因贫民窟之容易滋生,使房屋地皮落价,影响市产价值。凡此种种,已是欧美都市的大问题。而在中国,因工业落后,除去津沪汉港等大都市外,尚少这种现象发生。

但在抗战胜利建国开始的关头,我们国家正将由农业国家开始踏上工业化大道,我们的每一个市镇都到了一个生长程序中的"青春时期"。假便我们工业化进程顺利发育,则在今后数十年间,许多的市镇农村恐怕要经历到前所未有的突然发育,这种发育,若能预先计划,善予辅导,使市镇发展为有秩序的组织体,则市镇健全,居民安乐,否则一旦错误。百年难改,居民将受其害无穷。

一个市镇是会生长的,它是一个有机的组织体。在自然界中,一个组织体是由多数的细胞合成,这些细胞都有共同的特征,有秩序地组合而成物体,若是细胞健全,有秩序地组合起来,则物体健全。若细胞不健全,组合秩序混乱,便是疮疥脓包。一个市镇也如此。它的细胞是每个的建筑单位,每个建筑单位有它的特征或个性,特征或个性过于不同者,便不能组合为一体。若使勉强组合,亦不能得妥善的秩序,则市镇之组织体必无秩序,不健全。所以市镇之形成程序中,必须时时刻刻顾虑到每个建筑单位之特征或个性,顾虑到每个建筑单位与其他单位间之相互关系(correlation),务使市镇成为一个有机的秩序组织体。古今中外健全的都市村镇,在组织上莫不是维持并发展其有机的体系秩序的。近百年来欧美多数大都市之发生病征,就是因为在社会秩序经济秩序突起变化时期,千万人民的幸福和千百市镇的体系,试验出了他们市镇体系发展秩序中的错误,我们应知借鉴,力求避免。

上文已经说过,欧美市镇起病主因在人口之过度集中,以致滋生贫民区,发生车辆交通及地产等问题。最近欧美的市镇计划,都是以"疏散"(decentralization)为第一要义。然而所谓"疏散"不能散漫混乱。所以美国沙里宁(Eliel Saarinen)教授提出"有机性疏散"(organic decentralization)之说。而我国将来市镇发展的路径,也必须以"有机性疏散"为原则。

这里所谓"有机性疏散"是将一个大都市"分"为多数的"小市镇"或"区"之谓。而在每区之内,则须使居民的活动相当集中。人类活动有日常活动与非常活动两种,日常活动是指其维持生活的活动而言,就是居住与工作的活动。区内之集中,是以其居民日常生活为准绳。区之大小以使居民的住宅与工作地可以短时间——约二十分钟——步行达到为准。在这区之内，其大规模的工商业必需的建置，如学校、医院、图书馆、零售商店、菜市场、饮食店、娱乐场、游戏场等，在区内均应齐备，使成为一个自给自足的"小市镇"。在区与区之间，设立"绿荫地带"，作为公园，为居民游息之所。务使一个大都市成为多数"小市镇"——区——的集合体，在每区之内将人口稠密度以及建筑面积加以严格的限制，不使成为一个庞大无限量的整体。

现在欧美的大都市大多是庞大的整体。工商业中心的附近大多成了贫民区，较为富有的人多避居郊外，许多工人亦因在工作地附近找不到住处，所以都每日以两小时的时间耗费在火车、电车或汽车上，在时间、精力与金钱上都是莫大的损失。伦敦七百万人口中，有十万人以运输别人为职业（市际交通及货物运输除外），在人力物力双方是何等的不经济。现在伦敦市政当局正谋补救，而其答案则为"有机性疏散"。但是如伦敦、纽约那样大城市，若要完成"有机性疏散"的巨业，恐怕至少要五六十年。

现在我们既见前车之鉴，将来新兴的工商业中心，尤其是工业中心，必须避蹈覆辙。县市当局必须视各地工商业发展之可能性，预为分区，善予辅导，否则一朝错误，子孙吃苦，不可不慎。

至于每区之内，虽以工厂或商业机构或行政机构为核心，但市镇设计人所最应注意者乃在住宅问题。因为市镇之主要功用既在使民安居乐业，则市镇之一切问题，应以人的生活为主，而使市镇之体系方面随之形成。生活的问题解决须同时并求身心的康健:欲求身心健康,不惟要使每个人的居室舒适清洁,而且必须使环境高尚。我们要使居住的环境有促进居民文化水准的力量。我们必须注意到物质环境对于居民道德精神的影响。所以我们不求在颓残污秽的贫民区里建立一座奢华的府第,因为建筑是不能独善其身的,它必须择邻。我们计划建立市镇时,务须将每一座房屋与每一个"邻舍"间建立善美的关系,我们必须建立市镇体系上的形式秩序(form-order)。在善美有规则的形式秩序之中,自然容易维持善美的社会秩序(social-order)。这两者有极强的相互影响力。犹之演剧,必须有适宜的舞台与布置,方能促成最高艺术之表现,而人生的艺术,更是不能脱离其布景(环境)而独臻善美的。同时,更因人类亦有潜在的"反文化性",趋向卑下与罪恶,若有高尚的市镇体系秩序为环境,则较适宜于减少或矫正这种恶根性。孟母三迁之意或即在此。

关于住宅区设计的技术方面,这里不能详细地讨论,但是几个基本原则,是保护居民身心健康所必需。

一、建筑居室不只求身体的舒适,必亦使精神愉快。因为精神不愉快则不能有健康的身体,所以居室建筑必顾及身心两方面的舒适。

二、每个民族有生活传统的习惯,居室建筑必须适合社会的方式(这习惯当然不是指随地吐痰便溺一类的恶习惯而言,乃其是指家庭组织、婚丧礼节传统而言)。改变建筑固然可收改变生活之效,但完全不予以适合,则居室便可成为不合用的建筑。

三、每区内之分划(subdivision)，切不可划作棋盘。必须善就地形，并与全市交通干道枢纽等取得妥善的关系，以保障住宅区之宁静与路上安全。区内各部分，视其不同之性质，规定人或建筑面积之比例，以保障充分的阳光与空气。

四、在住宅之内，我们要使每一个居民的寝室与工作室分别，在寝室内工作或在工作室内睡觉是最有害健康的布置。

五、我们要提出"一人一床"的口号。现在中国有四万万五千万人。试问其有多少张床？无论市镇乡村，我们随时看见工作的人晚上就在工作室中，或睡在桌上，或打地铺。这种生活是奴隶的待遇。为将来中国的人民，我们要求每人至少晚上须有床睡觉。若是连床都没有，我们根本谈不到提高生活程度，更无论市镇计划。

六、我们要使每个市镇居民得到最低限度的卫生设备。我们不一定家家有澡盆，但必须家家有自来水与抽水厕所。我们必须打倒马桶。因此，市镇建设中给水与泄水都是最重要的先决问题。

有了使人身心安适的住宅，便可增进家庭幸福，可以养育身心健康的儿童，或为强健高尚的国民，养成自尊自爱的民族性。

为达到使人民安居乐业，我们要致力于市镇体系秩序之建立，以为建立社会秩序的背景。为达到市镇体系秩序之建立，我们要每一个县城市镇都应有计划的机关，先从事于社会经济之调查研究，然后设计;并规定这类调查研究工作，为每一县市经常设立的机关;根据历年调查统计，每五年或十年将计划加以修正。凡市镇一切建设必须依照计划进行。为达到此目的,各地方政府必须立法,预为市镇扩充而扩大其行政权;控制地价;登记土地之转让;保护绿荫地带之不受侵害;控制设计样式。凡此法例规程,在不侵害个人权益前提之下,必需市镇成得为整个机构而计划之。这不只是官家的事,而是每个市镇居民幸福所维系,其成败实有赖市镇里每个居民的合作。

最后我们还要附带地提醒:为实行改进或辅导市镇体系的长成,为建立其长成中的体系秩序,我们需要大批专门人才,专门建筑(不是土木工程)或市镇计划的人才。但是今日中国各大学中,建筑系只有两三处,市镇计划几乎根本没有。今后各大学的增设建筑系与市镇计划系,实在是改进并辅导形成今后市镇体系秩序之基本步骤。这却是教育当局的责任了。

北京——都市计划的无比杰作

　　人民中国的首都北京,是一个极年老的旧城,却又是一个极年轻的新城。北京曾经是封建帝王威风的中心,军阀和反动势力的堡垒,今天它却是初落成的、照耀全世界的民主灯塔。它曾经是没落到只能引起无限"思古幽情"的旧京,也曾经是忍受侵略者铁蹄践踏的沦陷城,现在它却是生气蓬勃地在迎接社会主义曙光中的新首都。它有丰富的政治历史意义,更要发展无限文化上的光辉。

　　构成整个北京的表面现象的是它的许多不同的建筑物,那显著而美丽的历史文物,艺术的表现,如北京雄劲的周围城墙,城门上嶙峋高大的城楼,围绕紫禁城的黄瓦红墙,御河的栏杆石桥,宫城上窈窕的角楼,宫廷内宏丽的宫殿,或是园苑中妩媚的廊庑亭榭,热闹的市心里牌楼店面,和那许多坛庙、塔寺、第宅、民居。它们是个别的建筑类型,也是个别的艺术杰作。每一类,每一座,都是过去劳动人民血汗创造的优美果实,给人以深刻的印象;今天这些都回到人民自己手里,我们对它们宝贵万分是理之当然。但是,最重要的还是这各种类型、各个或各组的建筑物的全部配合：它们与北京的全盘计划整个布局的关系；它们的位置和街道系统如何相辅相成，如何集中与分布，引直与对称；前后左右，高下起落，所组织起来的北京的全部部署的庄严秩序，怎样成为宏壮而又美丽的环境。北京是在全盘的处理上才完整地表现出伟大的中华民族建筑的传统手法和在都市计划方面的智慧与气魄。这整个的体形环境增强了我们对于伟大的祖先的景仰，对于中华民族文化的骄傲，对于祖国的热爱。北京对我们证明了我们的民族在适应自然、控制自然、改变自然的实践中有着多么光辉的成就。这样一个城市是一个举世无匹的杰作。

我们承继了这份宝贵的遗产，的确要仔细地了解它——它的发展的历史、过去的任务，同今天的价值。不但对于北京个别的文物，我们要加深认识，且要对这个部署的体系提高理解，在将来的建设发展中，我们才能保护固有的精华，才不至于使北京受到不可补偿的损失。并且也只有深入地认识和热爱北京独立的和谐的整体格调，才能掌握它原有的精神来做更辉煌的发展，为今天和明天服务。

北京城的特点是热爱北京的人们都大略知道的。我们就按着这些特点分述如下。

我们的祖先选择了这个地址

北京在位置上是一个杰出的选择。它在华北平原的最北头，处于两条约略平行的河流的中间，它的西面和北面是一弧线的山脉围抱着,东面南面则展开向着大平原。它为什么坐落在这个地点是有充足的地理条件的。选择这地址的本身就是我们祖先同自然斗争的生活所得到的智慧。

北京的高度约为海拔五十公尺,地质学家所研究的资料告诉我们,在它的东南面比它低下的地区,四五千年前还都是低洼的湖沼地带。所以历史家可以推测,由中国古代的文化中心的"中原"向北发展,势必沿着太行山麓这条五十公尺等高线的地带走。因为这一条路要跨渡许多河流,每次便必须在每条河流的适当的渡口上来往。当我们的祖先到达永定河的右岸时,经验使他们找到那一带最好的渡口。这地点正是我们现在的卢沟桥所在。渡过了这个渡口之后,正北有一支西山山脉向东伸出,挡住去路,往东走了十余公里这支山脉才消失到　片平原里。所以就在这里,西倚山麓,东向平原,一个农业的民族建立了一个最有利于发展的聚落,当然是适当而合理的。北京的位置就这样地产生了。并且也就在这里,他们有了更重要的发展。同北面的游牧民族开始接触,是可以由这北京的位置开始,分三条主要道路通到北面的山岳高原和东北面的辽东平原的。那三个口子就是南口、古北口和山海关。北京可以说是向着这三条路出发的分岔点,这也成了今天北京城主要构成原因之一。北京是河北平原旱路北行的终点,又是通向"塞外"高原的起点。我们的祖先选择了这地方,不但建立一个聚落,并且发展成中国古代边区的重点,完全是适应地理条件的活动。这地方经过世代的发展,在周朝为燕国的都邑,称作蓟;到了唐是幽州城,节度使的府衙所在；在五代和北宋是辽的南京，亦称作燕京；在南宋是金的中都；到了元朝，城的位置东移，建设一新，成为全国政治的中心，就成了今天北京的基础。最难得的是，明清两代易朝换代的时候都未经太大的破坏，就又在旧基础上修建展拓。随着条件发展，到了今天，城中每段街、每一个区域都有着丰实的历史和劳动人民血汗的成绩，有纪念价值的文物实在是太多了。

（本节的主要资料是根据燕大侯仁之教授在清华的讲演《北京的地理背景》写成的。）

北京城近千年来的四次改建

一个城是不断地随着政治经济的变动而发展着改变着的，北京当然也非例外。但是在过去一千年中间，北京曾经有过四次大规模的发展，不单是动了土木工程，并且是移动了地址的大修建。对这些变动有个简单认识，对于北京城的布局形势便更觉得亲切。

现在北京最早的基础是唐朝的幽州城，它的中心在现在广安门外迤南一带。本为范阳节度使的驻地，安禄山和史思明向唐代政权进攻曾由此发动，所以当时是军事上重要的边城。后来刘仁恭父子割据称帝，把城中的"子城"改建成宫城的规模，有了宫殿。937 年，北方民族的辽势力渐大，五代的石晋割了燕云等十六州给辽，辽人并不曾改动唐的幽州城，只加以修整，将它"升为南京"。这时的北京开始成为边疆上一个相当区域的政治中心了。

到了更北方的民族金人的侵入时,先灭辽,又攻败北宋,将宋的势力压缩到江南地区,自己便承袭辽的"南京",以它为首都。起初金也没有改建旧城,1151 年才大规模地将辽城扩大,增建宫殿,意识地模仿北宋汴梁的形制,按图兴修。他把宋东京汴梁(开封)的宫殿苑囿和真定(正定)的潭圃木料拆卸北运,在此大大建设起来,称它作中都,这时的北京便成了半个中国的中心。当然,许多辉煌的建筑仍然是中都的劳动人民和技术匠人,承继着北宋工艺的宝贵传统,又创造出来的。在金人进攻掠夺"中原"的时候,"匠户"也是他们掳劫的对象,所以汴梁的许多匠人曾被迫随着金军到了北京,为金的统治阶级服务。金朝在北京曾不断地营建,规模宏大,最重要的还有当时的离宫,今天的中海、北海。辽以后,金在旧城基础上扩充建设,便是北京第一次的大改建,但它的东面城墙还在现在的琉璃厂以西。

1215 年元人破中都,中都的宫城同宋的东京一样遭到剧烈破坏,只有郊外的离宫大略完好。1260 年以后,元世祖忽必烈数次到金故中都,都没有进城而驻驿在离宫琼华岛上的宫殿里。这地方便成了今天北京的胚胎,因为到了 1267 年元代开始建城的时候,就以这离宫为核心建造了新首都。元大都的皇宫是围绕北海和中海而布置的,元代的北京城便围绕着这皇宫成一正方形。

这样,北京的位置由原来的地址向东北迁移了很多。这新城的西南角同旧城的东北角差不多接壤,这就是今天的宣武门迤西一带。虽然金城的北面在现在的宣武门内,当时元的新城最南一面却只到现在的东西长安街一线上,所以两城还隔着一个小距离。主要是当元建新城时,金的城墙还没有拆掉之故。元代这次新建设是非同小可的,城的全部是一个完整的布局。在制度上有许多仍是承袭中都的传统,只是规模更大了。如宫门楼观、宫墙角楼、护城河、御路、石桥、千步廊的制度,不但保留中都所有,且超过汴梁的规模,还有故意恢复一些古制的,如"左祖右社"的格式,以配合"前朝后市"的形势。

这一次新址发展的主要存在基础不仅是有天然湖沼的离宫和它优良的水潭,还有极好的粮运的水道。什刹海曾是航运的终点,成了重要的市中心。当时的城是近乎正方形的,北面在今日北城墙外约二公里,当时的鼓楼便位置在全城的中心点上,在今什刹海北岸。因为船只可以在这一带停泊,钟鼓楼自然是那时热闹的商市中心。这虽是地理条件所形成,但一向许多人说到元代北京形制,总以这"前朝后市"为严格遵循古制的证据。元时建的尚是土城,没有砖面,东、西、南,每面三门,唯有北面只有两门,街道引直,部署井然。当时分全市为五十坊,鼓励官吏人民从旧城迁来。这便是辽以后北京第二次的大改变。它的中心宫城基本上就是今天北京的故宫与北海、中海。

1368 年明太祖朱元璋灭了元朝,次年就"缩城北五里",筑了今天所见的北面城墙。原因显然是本来人口就稀疏的北城地区,到了这时,因航运滞塞,不能达到什刹海,因而更萧条不堪,而商业则因金的旧城东壁原有的基础渐在元城的南面郊外繁荣起来。元的北城内地址自多旷废无用，所以索性缩短五里了。

明成祖朱棣迁都北京后，因衙署不足，又没有地址兴修，1419 年便将南面城墙向南展拓，由长安街线上移到现在的位置。南北两墙改建的工程使整个北京城约略向南移动四分之一，这完全是经济和政治的直接影响，且为了元的故宫已故意被破坏过，重建时就又做了若干修改。最重要的是因不满城中南北中轴线为什刹海所切断，将宫城中线向东移了约一百五十公尺，正阳门、钟鼓楼也随着东移，以取得由正阳门到鼓楼、钟楼中轴线的贯通，同时又以景山横亘在皇宫北面如一道屏风。这个变动使景山中峰上的亭子成了全城南北的中心，替代了元朝的鼓楼的地位。这五十年间陆续完成的三次大工程便是北京在辽以后的第三次改建。这时的北京城就是今天北京的内城了。

在明中叶以后，东北的军事威胁逐渐强大，所以要在城的四面再筑一圈外城。原拟在北面利用元旧城，所以就决定内外城的距离照着原来北面所缩的五里。这时正阳门外已非常繁荣，西边宣武门外是金中都东门内外的热闹区域，东边崇文门外这时受航运终点的影响，工商业也发展起来。所以工程由南面开始，先筑南城。开工之后，发现费用太大，尤其是城墙由明代起始改用砖，较过去土墙所费更大，所以就改变计划，仅筑南城一面了。外城东西仅比内城宽出六七百公尺，便折而向北，止于内城西南东南两角上，即今西便门、东便门之处。这是在唐幽州基础上辽以后北京第四次的大改建。北京今天的凸字形状的城墙就这样在 1553 年完成的。假使这外城按原计划完成，则东面城墙将在二闸,西面差不多到了公主坟,现在的东岳庙、大钟寺、五塔寺、西郊公园、天宁寺、白云观便都要在外城之内了。

清朝承继了明朝的北京,虽然个别的建筑单位许多经过了重建,对整个布局体系则未改动,一直到了今天。民国以后,北京市内虽然有不少的局部改建,尤其是道路系统,为适合近代使用,有了很多变更,但对于北京的全部规模则尚保存原来秩序,没有大的损害。

由那四次的大改建,我们认识到一个事实,就是城墙的存在也并不能阻碍城区某部分一定的发展,也不能防止某部分的衰落。全城各部分是随着政治、军事、经济的需要而有所兴废。北京过去在体形的发展上,没有被它的城墙限制过它必要的展拓和所展拓的方向,就是一个明证。

北京的水源——全城的生命线

从元建大都以来,北京城就有了一个问题,不断地需要完满解决,到了今天同样问题也仍然存在,那就是北京城的水源问题。这问题的解决与否在有铁路和自来水以前的时代里更严重地影响着北京的经济和全市居民的健康。

在有铁路以前,北京与南方的粮运完全靠运河。由北京到通州之间的通惠河一段,顺着西高东低的地势,须靠由西北来的水源。这水源还须供给什刹海、三海和护城河,否则它们立即枯竭,反成孕育病疫的水洼。水源可以说是北京的生命线。

北京近郊的玉泉山的泉源虽然是"天下第一",但水量到底有限;供给池沼和饮料虽足够,但供给航运则不足了。辽金时代航运水道曾利用高梁河水,元初则大规模地重新计划。起初曾经引永定河水东行,但因夏季山洪暴发,控制困难,不久即放弃。当时的河渠故道在现在西郊新区之北,至今仍可辨认。废弃这条水道之后的计划是另找泉源。于是便由昌平县神山泉引水南下,建造了 条石渠,将水引到瓮山泊(昆明湖),再由一道石渠东引入城,先到什刹海,再流到通惠河。这两条石渠在西北郊都有残迹,城中由什刹海到二闸的南北河道就是现在南北河沿和御河桥一带。元时所引玉泉山的水是与由昌平南下经过昆明湖入城的水分流的。这条水名金水河,沿途严禁老百姓使用,专引入宫苑池沼,主要供皇室的饮水和栽花养鱼之用。金水河由宫中流到护城河,然后同昆明湖什刹海那一股水汇流入通惠河。元朝对水源计划之苦心,水道建设规模之大,后代都不能及。城内地下暗沟也是那时留下绝好的基础,经明增设,到现在还是最可贵的下水道系统。

明朝先都南京,昌平水渠破坏失修,竟然废掉不用。由昆明湖出来的水与由玉泉山出来的水也不两河分流,事实上水源完全靠玉泉山的水。因此水量顿减,航运当然不能入城。到了清初建设时,曾作补救计划,将西山碧云寺、卧佛寺同香山的泉水都加入利用,引到昆明湖。这段水渠又破坏失修后,北京水量一直感到干涩不足。解放之前若干年中,三海和护城河淤塞情形是愈来愈严重,人民健康曾大受影响。龙须沟的情况就是典型的例子。

1950年,北京市人民政府大力疏浚北京河道,包括三海和什刹海,同时疏通各种沟渠,并在西直门外增凿深井,增加水源。这样大大地改善了北京的环境卫生,是北京水源史中又一次新的纪录。现在我们还可以企待永定河上游水利工程,眼看着将来再努力沟通京津水道航运的事业。过去伟大的通惠运河仍可再用,是我们有利的发展基础。

(本节部分资料是根据侯仁之《北平金水河考》。)

北京的城市格式——中轴线的特征

如上文所曾讲到,北京城的凸字形平面是逐步发展而来的。它在十六世纪中叶完成了现在的特殊形状。城内的全部布局则是由中国历代都市的传统制度,通过特殊的地理条件和元、明、清三代政治、经济实际情况而发展的具体形式。这个格式的形成,一方面是遵循或承袭过去的一般的制度,一方面又由于所尊崇的制度同自己的特殊条件相结合所产生出来的变化运用。北京的体形大部是由于实际用途而来,又曾经过艺术的处理而达到高度成功的。所以北京的总平面是经得起分析的。过去虽然曾很好地为封建时代服务,今天它仍然能很好地为新民主主义时代的生活服务,并还可以再做社会主义时代的都城,毫不阻碍一切有利的发展。它的累积的创造成绩是永远可以使我们骄傲的。

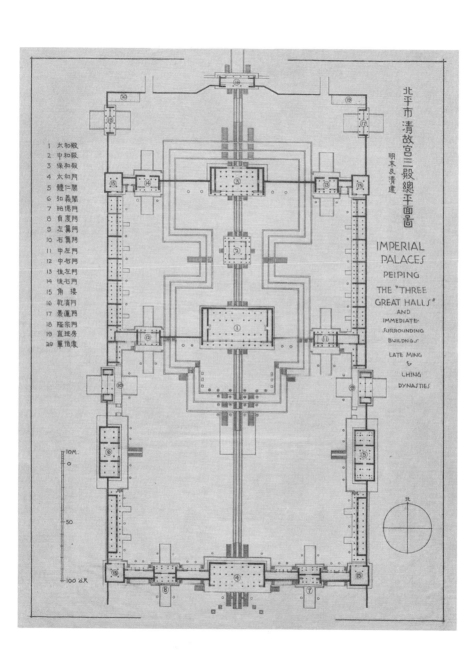

北平市清故宮三殿總平面圖

明末及清處

1 太和殿
2 中和殿
3 保和殿
4 太和門
5 體仁閣
6 弘義閣
7 昭德門
8 貞度門
9 左翼門
10 右翼門
11 中左門
12 中右門
13 後左門
14 後右門
15 角樓
16 乾清門
17 景運門
18 隆宗門
19 直班房
20 軍機處

IMPERIAL
PALACES
PEIPING
THE "THREE
GREAT HALLS"
AND
IMMEDIATE·
SURROUNDING
BUILDINGS
LATE MING
&
CHING
DYNASTIES

北

10M.
0
50
100 公尺

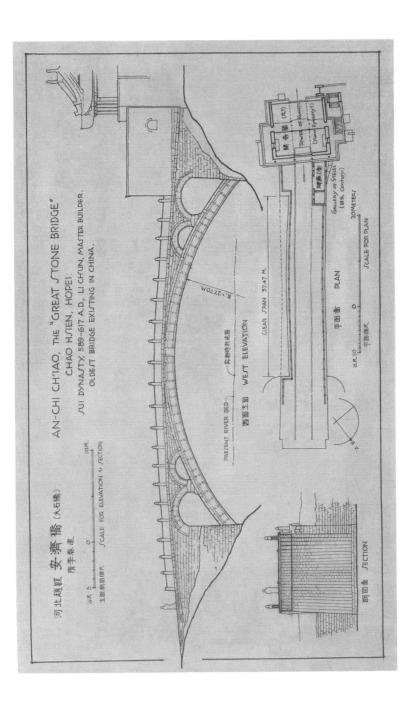

河北趙縣 安濟橋（大石橋）
隋李春建

AN-CHI CH'IAO, THE "GREAT STONE BRIDGE"
CHAO HSIEN, HOPEI.
SUI DYNASTY, 589-617 A.D., LI CH'UN, MASTER BUILDER.
OLDEST BRIDGE EXISTING IN CHINA.

土面斷面像尺   SCALE FOR ELEVATION & SECTION

公尺 5   0   10M.

PRESENT RIVER BED   實測的次近圖

西面之面 WEST ELEVATION

R. 27.70M.

CLEAR SPAN 37.47 M.

鐘樓閣 (元)
Tower of Kuanti
(Yüan Dynasty?)

碑亭 (清)
Gallery of Steles
(18th Century)

平面圖 PLAN

平面圖尺

公尺 10   0   20 METERS

SCALE FOR PLAN

斷面圖 SECTION

　　大略地说,凸字形的北京,北半是内城,南半是外城,故宫为内城核心,也是全城布局重心,全城就是围绕这中心而部署的。但贯通这全部署的是一根直线。一根长达八公里,全世界最长、也最伟大的南北中轴线穿过了全城。北京独有的壮美秩序就由这条中轴的建立而产生。前后起伏、左右对称的体形或空间的分配都是以这中轴为依据的。气魄之雄伟就在这个南北引伸、一贯到底的规模。我们可以从外城最南的永定门说起,从这南端正门北行,在中轴线左右是天坛和先农坛两个约略对称的建筑群;经过长长一条市楼对列的大街,到达珠市口的十字街口之后才面向着内城第一个重点——雄伟的正阳门楼。在门前百余公尺的地方,拦路一座大牌楼,一座大石轿,为这第一个重点做了前卫。但这还只是　个序幕。过了此点,从正阳门楼到中华门,由中华门到天安门,一起一伏,一伏而又起,这中间千步廊(民国初年已拆除)御路的长度和天安门面前的宽度,是最大胆的空间的处理,衬托着建筑重点的安排。这个当时曾经为封建帝王据为己有的禁地,今天是多么恰当地回到人民手里,成为人民自己的广场! 由天安门起,是一系列轻重不一的宫门和广庭,金色照耀的琉璃瓦顶,一层又一层地起伏峋峙,一直引导到太和殿顶,便到达中线前半的极点,然后向北,重点逐渐退削,以神武门为尾声。再往北,又"奇峰突起"地立着景山做了宫城背后的衬托。景山中峰上的亭子正在南北的中心点上。由此向北是一波又一波的远距离重点的呼应。由地安门,到鼓楼、钟楼,高大的建筑物都继续在中轴线上。但到了钟楼,中轴线便有计划地,也恰到好处地结束了。中线不再向北到达墙根,而将重点平稳地分配给左右分立的两个北面城楼——安定门和德胜门。有这样气魄的建筑总布局,以这样规模来处理空间,世界上就没有第二个!

在中线的东西两侧为北京主要街道的骨干,东西单牌楼和东西四牌楼是四个热闹的商市中心。在城的四周,在宫城的四角上,在内外城的四角和各城门上,立着十几个环卫的突出点。这些城门上的门楼、箭楼及角楼又增强了全城三度空间的抑扬顿挫和起伏高下。因北海和中海、什刹海的湖沼岛屿所产生的不规则布局,和因琼华岛塔和妙应寺白塔所产生的突出点,以及许多坛庙园林的错落,也都增强了规则的布局和不规则的变化的对比。在有了飞机的时代,由空中俯瞰,或仅由各个城楼上或景山顶上遥望,都可以看到北京杰出成就的优异。这是一份伟大的遗产,它是我们人民最宝贵的财产,还有人不感到吗?

北京的交通系统及街道系统

北京是华北平原通到蒙古高原、热河①山地和东北的几条大路的分岔点,所以在历史上它一向是一个政治、军事重镇。北京在元朝成为大都以后,因为运河的开凿,以取得东南的粮食,才增加了另一条东面的南北交通线。一直到今天,北京与南方联系的两条主要铁路干线都沿着这两条历史的旧路修筑,而京

①　热河省为中国旧时省份。

包、京热两线也正筑在我们祖先的足迹上。这是地理条件所决定。因此，北京便很自然地成了华北北部最重要的铁路衔接站。自从汽车运输发达以来，北京也成了一个公路网的中心。西苑、南苑两个飞机场已使北京对外的空运有了站驿。这许多市外的交通网同市区的街道是息息相关互相衔接的，所以北京城是会每日增加它的现代效果和价值的。

今天所存在的城内的街道系统，用现代都市计划的原则来分析，是一个极其合理、完全适合现代化使用的系统。这是一个令人惊讶的事实，是任何一个中世纪城市所没有的。我们不得不又一次敬佩我们祖先伟大的智慧。

这个系统的主要特征在大街与小巷，无论在位置上或大小上，都有明确的分别，人街大致分布成儿层合乎现代所采用的"环道"，由"环道"明确地有四向伸出的"幅道"。结果主要的车辆自然会汇集在大街上流通，不致无故地去窜小胡同，胡同里的住宅得到了宁静，就是为此。

所谓几层的环道，最内环是紧绕宫城的东西长安街、南北池子、南北长街、景山前大街。第二环是王府井、府右街，南北两面仍是长安街和景山前大街。第三环以东西交民巷、东单、东四，经过铁狮子胡同、后门、北海后门、太平仓、西四、西单而完成。这样还可更向南延长，经宣武门、菜市口、珠市口、磁器口而入崇文门。近年来又逐步地开辟一个第四环，就是东城的南北小街，西城的南北沟沿，北面的北新桥大街、鼓楼东大街，以达新街口。但鼓楼与新街口之间因有什刹海的梗阻，要多少费点事。南面则尚未成环(也许可与交民巷衔接)。这几环中,虽然有多少尚待展宽或未完全打通的段落,但极易完成。这是现代都市计划学家近年来才发现的新原则。欧美许多城市都在它们的弯曲杂乱或呆板单调的街道中努力计划开辟成环道,以适应控制大量汽车流通的迫切需要。我们的北京却可应用六百年前建立的规模,只须稍加展宽整理,便可成为最理想的街道系统。这的确是伟大的祖先留给我们的"余荫"。

有许多人不满北京的胡同,其实胡同的缺点不在其小,而在其泥泞和缺乏小型空场与树木。但它们都是安静的住宅区,有它的一定优良作用。在道路系统的分配上也是一种很优良的秩序,这些便是我们发展的良好基础,可以予以改进和提高的。

北京城的土地使用——分区

我们不敢说我们的祖先计划北京城的时候,曾经计划到它的土地使用或分区,但我们若加以分析,就可看出它大体上是分了区的,而且在位置上大致都适应当时生活的要求和社会条件。

内城除紫禁城为皇宫外,皇城之内的地区是内府官员的住宅区。皇城以外,东西交民巷一带是各衙署所在的行政区(其中东交民巷在《辛丑条约》之后被划为"使馆区")。而这些住宅的住户,有很多就是各衙署的官员。北城是贵族区和供应它们的商店区,这区内王府特别多。东、西四牌楼是东、西城的两个主要市场,由它们附近街巷名称,就可看出。如东四牌楼附近是猪市大街、小羊市、驴市(今改"礼士")胡同等,西四牌楼则有马市大街、羊市大街、羊肉胡同、缸瓦市等。

至于外城,大体地说,正阳门大街以东是工业区和比较简陋的商业区,以西是最繁华的商业区。前门以东以商业命名的街道有鲜鱼口、瓜子店、果子市等,工业的则有打磨厂、梯子胡同等等。以西主要的是珠宝市、钱市胡同、大栅栏等,是主要商店所聚集,但也有粮食店、煤市街。崇文门外则有巾帽胡同、木厂胡同、花市、草市、磁器口等等,都表示着这一带的土地使用性质。宣武门外是京官住宅和各省府州县会馆区。会馆是各省入京应试的举人们的招待所,因此知识分子大量集中在这一带。应景而生的是他们的"文化街",即供应读书人的琉璃厂的书铺集团,形成了一个"公共图书馆";其中掺杂着许多古玩铺,又正是供给知识分子观摩的"公共文物馆"。其次要提到的就是文娱区,大多数的戏院都散布在前门外东西两侧的商业区中间。大众化的杂耍场集中在天桥。至于骚人雅士们则常到先农坛迤西洼地中的陶然亭吟风咏月,饮酒赋诗。

由上面的分析,我们可以看出,以往北京的土地使用,的确有分区的现象。但是除皇城及它迤南的行政区是多少有计划的之外,其他各区都是在发展中自然集中而划分的。这种分区情形,到民国初年还存在。

到现在,除去北城的贵族已不贵了,东交民巷又由"使馆区"收复为行政区而仍然兼是一个有许多已建立邦交的使馆或尚未建立邦交的"使馆"所在区,和西交民巷成了银行集中的商务区而外,大致没有大改变。近二三十年来的改变,则在外城建立了几处工厂。王府井大街因为东安市场之开辟,再加上供应东交民巷帝国主义外交官僚的消费,变成了繁盛的零售商店街,部分夺取了民国初年军阀时代前门外的繁荣。东、西单牌楼之间则因长安街三座门之打通而繁荣起来,产生了沿街洋式店楼形制。全城的土地使用,比清末民初时期显然增加了杂乱错综的现象。幸而因为北京以往并不是一个工商业中心,体形环境方面尚未受到不可挽回的损害。

北京城是一个具有计划性的整体

北京是中国(可能是全世界)文物建筑最多的城。元、明、清历代的宫苑、坛庙、塔寺分布在全城,各有它的历史艺术意义,是不用说的。要再指出的是:因为北京是一个先有计划然后建造的城(当然,计划所实现的都曾经因各时代的需要屡次修正,而不断地发展的)。它所特具的优点主要就在它那具有计划性的城市的整体。那宏伟而庄严的布局,在处理空间和分配重点上创造出卓越的风格,同时也安排了合理而有秩序的街道系统,而不仅在它内部许多个别建筑物的丰富的历史意义与艺术的表现。所以我们首先必须认识到北京城部署骨干的卓越,北京建筑的整个体系是全世界保存得最好,而且继续有传统的活力的、最特殊、最珍贵的艺术杰作。这是我们对北京城不可忽略的起码认识。

　　就大多数的文物建筑而论,也都不仅是单座的建筑物,而往往是若干座合组而成的整体,为极可宝贵的艺术创造,故宫就是最显著的一个例子。其他如坛庙、园苑、府第,无一不是整组的文物建筑,有它全体上的价值。我们爱护文物建筑,不仅应该爱护个别的一殿、一堂、一楼、一塔,而且必须爱护它的周围整体和邻近的环境。我们不能坐视,也不能忍受一座或一组壮丽的建筑物遭受到各种各式直接或间接的破坏,使它们委屈在不调和的周围里,受到不应有的宰割。过去因为帝国主义的侵略,和我们不同体系、不同格调的各型各式的所谓洋式楼房,所谓摩天高楼,摹仿到家或不到家的欧美系统的建筑物,庞杂凌乱地大量渗到我们的许多城市中来,长久地劈头拦腰破坏了我们的建筑情调,渐渐地麻痹了我们对于环境的敏感,使我们习惯于不调和的体形或习惯于看着自己优美的建筑物被摒斥到委曲求全的夹缝中,而感到无可奈何。我们今后在建设中,这种错误是应该予以纠正了。代替这种蔓延野生的恶劣建筑,必须是有计划有重点的发展,比如明年,在天安门的前面,广场的中央,将要出现一座庄严雄伟的人民英雄纪念碑。几年以后,广场的外围将要建起整齐壮丽的建筑,将广场衬托起来。长安门(三座门)外将是绿荫平阔的林荫大道,一直通出城墙,使北京向东西城郊发展。那时的天安门广场将要更显得雄壮美丽了。总之,今后我们的建设,必须强调同环境配合,发展新的来保护旧的,这样才能保存优良伟大的基础,使北京城永远保持着美丽、健康和年轻。

　　北京城内城外无数的文物建筑,尤其是故宫、太庙(现在的劳动人民文化宫）、社稷坛（中山公园）、天坛、先农坛、孔庙、国子监、颐和园等等都普遍地受到人们的赞美，但是一件极重要而珍贵的文物，竟没有得到应有的注意，乃至被人忽视，那就是伟大的北京城墙。它的产生，它的变动，它的平面形成凸字形的沿革，充满了历史意义，是一个历史现象辩证地发展的卓越标本，已经在上文叙述过了。至于它的朴实雄厚的壁垒，宏丽嶙峋的城门楼、箭楼、角楼，也正是北京体形环境中不可分离的艺术构成部分，我们还需要首先特别提到。苏联人民称斯摩棱斯克的城墙为苏联的项链，我们北京的城墙，加上那些美丽的城楼，更应称为一串光彩耀目的中华人民的璎珞了。古史上有许多著名的台——古代封建主的某些殿宇是筑在高台上的，台和城墙有时不分——后来发展成为唐宋的阁与楼时，则是在城墙上含有纪念性的建筑物，大半可供人民登临。前者如春秋战国燕和赵的丛台，西汉的未央宫，汉末曹操和东晋石赵在邺城的先后两个铜雀台，后者如唐宋以来由文字流传后世的滕王阁、黄鹤楼、岳阳楼等。宋代的宫前门楼宣德楼的作用也还略像一个特殊的前殿，不只是一个仅具形式的城楼。北京峙着许多壮观的城楼角楼，站在上面俯瞰城郊，远览风景，可以供人娱心悦目，舒畅胸襟。但在过去封建时代里，因人民不得登临，事实上是等于放弃了它的一个可贵的作用。今后我们必须好好利用它为广大人民服务。现在前门箭楼早已恰当地作为文娱之用。在北京市各界人民代表会议中，又有人建议用崇文门、宣武门两个城楼做陈列馆，以后不但各城楼都可以同样地利用，并且我们应该把城墙上面的全部面积整理出来,尽量使它发挥它所具有的特长。城墙上面面积宽敞,可以布置花池,栽种花草,安设公园椅,每隔若干距离的敌台上可建凉亭,供人游息。由城墙或城楼上俯视护城河与郊外平原,远望西山远景或禁城宫殿。它将是世界上最特殊公园之———一个全长达三十九点七五公里的立体环城公园!

我们应该怎样保护这庞大的伟大的杰作?

人民中国的首都正在面临着经济建设、文化建设——市政建设高潮的前夕。解放两年以来,北京已在以递加的速率改变,以适合不断发展的需要。今后一二十年之内,无数的新建筑将要接踵地兴建起来,街道系统将加以改善,千百条的大街小巷将要改观,各种不同性质的区域要划分出来。北京城是必须现代化的,同时北京城原有的整体文物性特征和多数个别的文物建筑又是必须保存的。我们必须"古今兼顾,新旧两利"。我们对这许多错综复杂问题应如何处理,是每一个热爱中国人民首都的人所关切的问题。

如同在许多其他的建设工作中一样,先进的苏联已为我们解答了这问题,立下了良好的榜样。在《苏联沦陷区解放后之重建》一书中,苏联的建筑史家 N. 窝罗宁教授说:"计划一个城市的建筑师必须顾到他所计划的地区生活的历史传统和建筑的传统。在他的设计中,必须保留合理的、有历史价值的一切和在房屋类型和都市计划中,过去的经验所形成的特征的一切;同时这城市或村庄必须成为自然环境中的一部分。……新计划的城市的建筑样式必须避免呆板硬性的规格化,因为它将掠夺了城市的个性;他必须采用当地居民所珍贵的一切。

"人民在便利、经济和美感方面的需要,他们在习俗与文化方面的需要,是重建计划中所必须遵守的第一条规则。……"(1944年英文版,16页)

窝罗宁教授在他的书中举辨了许多实例。其中一个被称为"俄罗斯的博物院"的诺夫哥罗德城,这个城的"历史性文物建筑比任何一个城都多"。

"它的重建是建筑院院士舒舍夫负责的。他的计划作了依照古代都市计划制度重建的准备——当然加上现代化的改善。……在最卓越的历史文物建筑周围的空地将布置成为花园,以便取得文物建筑的观景。若干组的文物建筑群将被保留为国宝……

"关于这城……的新建筑样式,建筑师们很正确地拒绝了庸俗的'市侩式'建筑,而采取了被称为'地方性的拿破仑时代的'建筑。因为它是该城原有建筑中最典型的样式。

"……建筑学者们指出:在计划重建新的诺夫哥罗德的设计中,要给予历史性文物建筑以有利的位置,使得在远处近处都可以看见它们的原则的正确性。……

"对于许多类似诺夫哥罗德的古俄罗斯城市之重建的这种研讨将要引导使问题得到最合理的解决,因为每一个意见都是对于以往的俄罗斯文物的热爱的表现。……"（同书 79 页）怎样建设"中国的博物院"的北京城，上面引录的原则是正确的。让我们向诺夫哥罗德看齐，向舒舍夫学习。

（本文虽是作者答应担任下来的任务，但在实际写作进行中，都是同林徽因分工合作，有若干部分还偏劳了她，这是作者应该对读者声明的。）

关 于 北 京 城 墙 存 废 问 题 的 讨 论

北京成为新中国的新首都了。新首都的都市计划即将开始,古老的城墙应该如何处理,很自然地成了许多人所关心的问题。处理的途径不外拆除和保存两种。城墙的存废在现代的北京都市计划里,在市容上,在交通上,在城市的发展上,会产生什么影响,确是一个重要的问题,应该慎重地研讨,得到正确的了解,然后才能在原则上得到正确的结论。

有些人主张拆除城墙,理由是:城墙是古代防御的工事,现在已失去了功用,它已尽了它的历史任务了;城墙是封建帝王的遗迹;城墙阻碍交通,限制或阻碍城市的发展;拆了城墙可以取得许多砖,可以取得地皮,利用为公路。简单地说,意思是:留之无用,且有弊害,拆之不但不可惜,且有薄利可图。

但是,从不主张拆除城墙的人的论点上说,这种看法是有偏见的,片面的,狭隘的,也缺乏实际的计算的;由全面城市计划的观点看来,都是知其一不知其二的,见树不见林的。

他说:城墙并不阻碍城市的发展,而且把它保留着与发展北京为现代城市不但没有抵触,而且有利。如果发展它的现代作用,它的存在会丰富北京城人民大众的生活,将久远地为我们可贵的环境。

先说它的有利的现代作用。自从十八、十九世纪以来,欧美的大都市因为工商业无计划、无秩序、无限制的发展,城市本身也跟着演成了野草蔓延式的滋长状态。工业、商业、住宅起先便都混杂在市中心,到市中心积渐地密集起来时,住宅区便向四郊展开,因此工商业随着又向外移。到了四郊又渐形密集时,居民则又向外展移,工商业又追踪而去,结果,市区被密集的建筑物重重包围。在伦敦、纽约等市中心区居住的人,要坐三刻钟乃至一小时以上的地道车才能达到郊野。市内之枯燥嘈杂,既不适于居住,也渐不适于工作,游息的空地都被密集的建筑物和街市所侵占,人民无处游息,各种行动都忍受交通的拥挤和困难。所以现代的都市计划,为市民身心两方面的健康,为解除无限制蔓延的密集,便设法采取了将城市划分为若干较小的区域的办法。小区域之间要用一个园林地带来隔离。这种分区法的目的在使居民能在本区内有工作的方便,每日经常和必要的行动距离合理化,交通方便及安全化;同时使居民很容易接触附近郊野田园之乐,在大自然里休息;而对于行政管理方面,也易于掌握。北京在二十年后,人口可能增加到四百万人以上,分区方法是必须采用的。靠近城墙内外的区域,这城墙正可负起它新的任务。利用它为这种现代的区间的隔离物是很方便的。

这里主张拆除的人会说:隔离固然是隔离了,但是你们所要的园林地带在哪里?而且隔离了,交通也就被阻梗了。

主张保存的人说:城墙外面有一道护城河,河与墙之间有一带相当宽的地,现在城东、南、北三面,这地带上都筑了环城铁路。环城铁路因为太近城墙,阻碍城门口的交通,应该拆除向较远的地方展移。拆除后的地带,同护城河一起,可以做成极好的"绿带"公园。护城河在明正统年间,曾经"两涯甃以砖石",将来也可以如此做。将来引导永定河水一部分流入护城河的计划成功之后,河内可以放舟钓鱼,冬天又是一个很好的溜冰场。不惟如此,城墙上面,平均宽度约十公尺以上,可以砌花池,栽植丁香、蔷薇一类的灌木,或铺些草地,种植草花,再安放些园椅。夏季黄昏,可供数十万人的纳凉游息。秋高气爽的时节,登高远眺,俯视全城,西北苍苍的西山,东南无际的平原,居住于城市的人民可以这样接近大自然,胸襟壮阔。还有城楼角楼等可以辟为陈列馆、阅览室、茶点铺。这样一带环城的文娱圈,环城立体公园,是全世界独一无二的。北京城内本来很缺乏公园空地,解放后皇宫禁地都是人民大众工作与休息的地方;清明前后几个周末,郊外颐和园一天的门票曾达到八九万张的纪录,正表示北京的市民如何迫切地需要假日休息的公园。古老的城墙正在等候着负起新的任务,它很方便地在城的四面,等候着为人民服务,休息他们的疲劳筋骨,培养他们的优美情绪,以民族文物及自然景色来丰富他们的生活。

不惟如此,假使国防上有必需时,城墙上面即可利用为良好的高射炮阵地。古代防御的工事在现代还能够再尽一次历史任务!

这里主张拆除者说,它是否阻碍交通呢?

主张保存者回答说:这问题只在选择适当地点,多开几个城门,便可解决的。而且现代在道路系统的设计上,我们要控制车流,不使它像洪水一般地到处"泛滥",而要引导它汇集在几条干道上,以联系各区间的来往,我们正可利用适当位置的城门来完成这控制车流的任务。

但是主张拆除的人强调着说:这城墙是封建社会统治者保卫他们的势力的遗迹呀,我们这时代既已用不着,理应拆除它的了。

回答是:这是偏差幼稚的看法。故宫不是帝王的宫殿吗?它今天是人民的博物院。天安门不是皇宫的大门吗?中华人民共和国的诞生就是在天安门上由毛主席昭告全世界的。我们不要忘记,这一切建筑体形的遗物都是古代多少劳动人民创造出来的杰作,虽然曾经为帝王服务,被统治者所专有,今天已属于人民大众,是我们大家的民族纪念文物了。

同样的,北京的城墙也正是几十万劳动人民辛苦事迹所遗留下的纪念物。历史的条件产生了它,它在各时代中形成并执行了任务,它是我们人民所承继来的北京发展史在体形上的遗产。它那凸字形特殊形式的平面就是北京变迁发展史的一部分,说明各时代人民辛勤创造的史实,反映着北京的长成和文化上的进展。我们要记着,从前历史上易朝换代是一个统治者代替了另一个统治者,但一切主要的生产技术及文明的、艺术的创造,却总是从人民手中出来的;为生活便利和安心工作的城市工程也不是例外。

简略说来，1234年元人的统治阶级灭了金人的统治阶级之后，焚毁了比今天北京小得多的中都（在今城西南）。到1267年，元世祖以中都东北郊琼华岛离宫（今北海）为他威权统治的基础核心、古今最美的皇宫之一，外面四围另筑了一周规模极大的、近乎正方形的大城；现在内城的东西两面就仍然是元代旧的城墙部位，北面在现在的北面城墙之北五里之处（土城至今尚存），南面则在今长安街线上。当时城的东南角就是现在尚存的、郭守敬所创建的观象台地点。那时所要的是强调皇宫的威仪，"面朝背市"的制度，即宫在南端，市在宫的北面的布局。当时运河以什刹海为终点，所以商业中心，即"市"的位置，便在钟鼓楼一带。当时以手工业为主的劳动人民便都围绕着这个皇宫之北的市心而生活。运河是由城南入城的，现在的北河沿和南河沿就是它的故道，所以沿着现时的六国饭店、军管会、翠明庄、北大的三院、民主广场、中法大学河道一直北上，尽是外来的船舶，由南方将物资运到什刹海。什刹海在元朝便相等于今日的前门车站交通终点的。后来运河失修，河运只达城南，城北部人烟稀少了。而城南却更便于工商业。在1370年前后，明太祖重建城墙的时候，就为了这个原因，将城北面"缩"了五里，建造了今天的安定门和德胜门一线的城墙。商业中心既南移，人口亦向城南集中。但明永乐时迁都北京，城内却缺少修建衙署的地方，所以在1419年，将南面城墙拆了展到现在所在的线上。南面所展宽的土地，以修衙署为主，开辟了新的行政区。现在的司法部街原名"新刑部街",是由西单牌楼的"旧刑部街"迁过来的。换一句话说,就是把东西交民巷那两条"郊民"的小街"巷"让出为衙署地区,而使郊民更向南移。

现在内城南部的位置是经过这样展拓而形成的。正阳门外也在那以后更加繁荣起来。到了明朝中叶,统治者势力渐弱,反抗的军事威力渐渐严重起来,因为城南人多,所以计划以元城北面为基础,四周再筑一城。故外城由南面开始,当中开辟永定门,但开工之后,发现财力不足,所以马马虎虎,东西未达到预定长度,就将城墙北折,止于内城的南方,于 1553 年完成了今天这个凸字形的特殊形状。它的形成及其在位置上的发展,明显地是辩证的,处处都反映各时期中政治、经济上的变化及其在军事上的要求。

这个城墙由于劳动的创造,它的工程表现出伟大的集体创造与成功的力量。这环绕北京的城墙,主要虽为防御而设,但从艺术的观点看来,它是一件气魄雄伟、精神壮丽的杰作。它的朴质无华的结构,单纯壮硕的体形,反映出为解决某种的需要,经由劳动的血汗、劳动的精神与实力,人民集体所成功的技术上的创造。它不只是一堆平凡叠积的砖堆,它是举世无匹的大胆的建筑纪念物,磊拓嵯峨、意味深厚的艺术创造。无论是它壮硕的品质,或是它轩昂的外像,或是那样年年历尽风雨甘辛,同北京人民共甘苦的象征意味,总都要引起后人复杂的情感的。

苏联斯摩棱斯克的城墙,周围七公里,被称为"俄罗斯的颈环",大战中受了损害,苏联人民百般爱护地把它修复。北京的城墙无疑地也可当"中国的颈环"乃至"世界的颈环"的尊号而无愧。它是我们的国宝,也是世界人类的文物遗迹。我们既承继了这样可珍贵的一件历史遗产,我们岂可随便把它毁掉!

那么,主张拆除者又问了:在那有利的方面呢?我们计算利用城墙上那些砖,拆下来协助其他建设的看法,难道就不该加以考虑吗?

这里反对者方面更有强有力的辩驳了。

他说:城砖固然可能完整地拆下很多,以整个北京城来计算,那数目也的确不小。但北京的城墙,除去内外各有厚约一公尺的砖皮外,内心全是"灰土",就是石灰黄土的混凝土。这些三四百年乃至五六百年的灰土坚硬如同岩石;据约略估计,约有一千一百万吨。假使能把它清除,用由二十节十八吨的车皮组成的列车每日运送一次,要八十三年才能运完!请问这一列车在八十三年之中可以运输多少有用的东西。而且这些坚硬的灰土,既不能用以种植,又不能用作建筑材料,用来筑路,却又不够坚实,不适使用,完全是毫无用处的废料。不但如此,因为这混凝土的坚硬性质,拆除时没有工具可以挖动它,还必须使用炸药,因此北京的市民还要听若干年每天不断的爆炸声!还不止如此,即使能把灰土炸开,挖松,运走,这一千一百万吨的废料的体积约等于十一二个景山,又在何处安放呢?主张拆除者在这些问题上面没有费过脑汁,也许是由于根本没有想到,乃至没有知道墙心内有混凝土的问题吧。

就说绕过这样一个问题而不讨论,假设北京同其他县城的城墙一样是比较简单的工程,计算把城砖拆下做成暗沟,用灰土将护城河填平,铺好公路,到底是不是一举两得一种便宜的建设呢?

由主张保存者的立场来回答是:苦心的朋友们,北京城外并不缺少土地呀,四面都是广阔的平原,我们又为什么要费这样大的人力,一两个野战军的人数,来取得这一带之地呢?拆除城墙所需的庞大的劳动力是可以积极生产许多有利于人民的果实的。将来我们有力量建设,砖窑业是必要发展的,用不着这样费事去取得。如此浪费人力,同时还要毁掉环绕着北京的一件国宝文物———一圈对于北京形体的壮丽有莫大关系的古代工程,对于北京卫生有莫大功用的环城护城河,这不但是庸人自扰,简直是罪过的行动了。

这样辩论斗争的结果,双方的意见是不应该不趋向一致的。事实上,凡是参加过这样辩论的,结论便都是认为城墙的确不但不应拆除,且应保护整理,与护城河一起作为一个整体的计划,善予利用,使它成为将来北京市都市计划中的有利的、仍为现代所重用的一座纪念性的古代工程。这样由它的物质的特殊和珍贵、形体的朴实雄壮,反映到我们感觉上来,它会丰富我们对北京的喜爱,增强我们民族精神的饱满。

北平文物必须整理与保存

北平文物整理的工作近来颇受社会注意,尤其因为在经济凋敝的景况下,毁誉的论说,各有所见。关于这工作之意义和牵涉到的问题,也许有略加申述之必要,使社会人士对于这工作之有无必要,更有真切的认识。

北平市之整个建筑部署,无论由都市计划、历史或艺术的观点上看,都是世界上罕见的瑰宝,这早经一般人承认。至于北平全城的体形秩序的概念与创造——所谓形制气魄——实在都是艺术的大手笔,也灿烂而具体地放在我们面前。但更要注意的是:虽然北平是现存世界上中古大都市之"孤本",它却不仅是历史或艺术的"遗迹",它同时也还是今日仍然活着的一个大都市,它尚有一个活着的都市问题需要继续不断地解决。

今日之北平仍有庞大数目的市民在里面经常生活着,所以北平市仍是这许多市民每日生活的体形环境,它仍在执行着一个活的城市的任务,无论该市——乃至全国——后来经济状况如何凋落,它仍须继续地给予市民正常的居住、交通、工作、娱乐及休息上的种种便利,也就是说它要适应市民日常生活环境所需要的精神或物质的条件,同其他没有文物古迹的都市并无多大分别。所以全市的市容、道路、公园、公共建筑、商店、住宅、公用事业、卫生设备等种种方面,都必如其他每城每市那样有许多机构不断地负责修整与管理,是理之当然。所不同的是北平市内年代久远而有纪念性的建筑物多,而分布在城区各处显著地位者尤多。建筑物受自然的侵蚀倾圮毁坏的趋势一经开端便无限制地进展,绝无止境。就是坍塌之后,拆除残骸清理废址,亦须有管理的机构及相当的经费。故此北平在市政方面比一个通常都市却多了一重责任。

我们假设把北平文物建筑视作废而无用的古迹,从今不再整理,听其自然,则二三十年后,所有的宫殿坛庙牌坊等等都成了断瓦颓垣,如同庞贝(Pompcii)故城(是绝对可能的)。试问那时,即不顾全国爱好文物人士的浩叹惋惜,其对于尚居住在北平的全市市民物质与精神上的影响将若何? 其不方便与不健全自不待言。在那样颓败倾圮的环境中生活着,到处破廊倒壁,触目伤心,必将给市民愤慨与难堪。一两位文学天才也许可以因此作出近代的《连昌宫词》,但对于大多数正常的市民必是不愉快的刺激及实际的压迫。这现象是每一个健全的公民的责任心所不许的。

论都市计划的价值,北平城原有(亦即现存)的平面配置与立体组织,在当时建立帝都的条件下,是非常完美的体形秩序。就是从现代的都市计划理论分析,如容纳车马主流的交通干道(大街)与次要道路(分达住宅的胡同)之明显而合理的划分,公园(御苑坛庙)分布之适当,都是现代许多大都市所努力而未能达到的。美国都市计划权威 Henry S. Churchill[1] 在他的近著《都市就是人民》(*The city is the people*)里,由现代的观点分析北平,赞扬备至。

北平的整个形制既是世界上可贵的孤例,而同时又是艺术的杰作,城内外许多建筑物却又各个的是在历史上、建筑史上、艺术史上的至宝。整个的故宫不必说,其他许多各个的文物建筑大多数是富有历史意义的艺术品。它们综合起来是一个庞大的"历史艺术陈列馆"。历史的文物对于人民有一种特殊的精神影响,最能触发人们对民族对人类的自信心。无论世界何处,人们无不以游览古迹参观古代艺术为快事,亦不自知其所以然。(这几天北平游春的青年们莫不到郊外园苑或较近的天坛、三殿、太庙、北海等处。他们除了有意识地感到天朗气清聚游之乐外,潜意识里还得到我们这些过去文物规制所遗留下美善形体所给予他们精神上的启发及自信的坚定。)无论如何,我们除非否认艺术,否认历史,或否认北平文物在艺术上历史上的价值,则它们必须得到我们的爱护与保存是无可疑问的。

在民国二十三年前后,北平当时市政当局有鉴于此,并得到北平学术界的赞助与合作,于二十四年成立了故都文物整理委员会,直隶行政院,会辖的执行机关为文整会实施事务处,由市长、工务局长分别兼任正副处长;在技术方面,委托一位对于中国建筑——尤其是明清两代法式——学识渊深的建筑师杨廷宝

---

① 亨利·S. 丘吉尔,建筑师,城市规划理论家。

先生负责,同时委托中国营造学社朱桂辛先生及几位专家做顾问,副处长先后为汪申、谭炳训两先生,他们并以工务局的经常工作与文整工作相配合。自成立以至抗战开始,曾将历史艺术价值最高而最亟待整理的建筑加以修葺。每项工程,在经委员会决定整理之后,都由建筑师会同顾问先做实测调查,然后设计,又复详细审核,方付实施。杨先生在两年多的期间,日间跋涉工地,攀梁扣瓦,夜间埋头书案,夜以继日地工作,连星期日都不休息,备极辛劳,为文整工作立下极好的基础和传统精神。修葺的原则最着重的在结构之加强;但当时工作伊始,因市民对于文整工作有等着看"金碧辉煌,焕然一新"的传统式期待,而且油漆的基本功用本来就是木料之保护,所以当时修葺的建筑,在这双重需要之下,大多数施以油漆彩画。至抗战开始时,完成了主要单位有天坛全部、孔庙、辟雍、智化寺、大高玄殿角楼牌楼、止阳门五牌楼、紫禁城角楼、东西四牌楼、若干处城楼箭楼、东南角楼、真觉寺(五塔寺)金刚宝座塔、玉泉山玉峰塔等等数十单位。当时尚有其他机关团体使用文物建筑,如故宫博物院、古物陈列所、南海及北海公园,对于文物负有保护之责,在当时比较宽裕的经济状况下,也曾修缮了许多建筑物。其中贤明的主管长官,大多在技术上请求文整会或专家的协助。

北平沦陷期间,连伪组织都知道这工作的重要性,不敢停止,由伪建设总署继续做了些小规模的整理,未尝间断。

复员以后,伪建设总署工作曾由工务局暂时继续,但不久战前的一部分委员及技术人员逐渐归来,故重新成立,并改称北平文物整理委员会,仍隶行政院,执行机构则改称工程处,正副处长仍由市长及工务局长分别兼任,委员会决定文物整理之选择及预算;实施方面,谭先生仍回任副处长,虽然杨先生已离开,因为技术人员大多已是训练多年驾轻就熟的专才,所以完全由工程处负责;而每项工程计划,则由委员中对于中国建筑有专门研究者予以最后审核。

复员以后的工作,除却在工务局暂行负责的短期间油饰了天安门及东西三座门外,都是抽梁换柱、修整构架、揭瓦检漏一类的工作,做完了在外面看不见的。有人批评油饰是粉饰太平,老实说,在那唯一的一次中,当时他们的确有"粉饰胜利"的作用。刚在抗战胜利大家复员的兴奋情绪下,这一次的粉饰也是情有可原的。

朱自清先生最近在《文物·旧书·毛笔》一文里提到北平文物整理。对于古建筑的修葺,他虽"赞成保存古物",而认为"若分别轻重",则"这种是该缓办的",他没有"抢救的意思"。他又说"保存只是保存而止,让这些东西像化石一样"。朱先生所谓保存它们到"像化石一样",不知是否说听其自然之意。果尔,则这种看法实在是只看见一方面的偏见,也可以说是对于建筑工程方面种种问题不大谅解的看法。

单就北平古建筑的目前情形来说,它就牵涉到一个严重问题。假使建筑物果能如朱先生所希望,变成化石,问题就简单了。可惜事与愿违。北平的文物建筑,若不加修缮,在短短数十年间就可以达到破烂的程度。失修倾圮的迅速,不惟是中国建筑如此,在钢筋水泥发明以前的一切建筑物莫不如此,连全部石构的哥特式(Gothic)建筑也如此(也许比较可多延数十年)。因为屋顶——连钢筋洋灰上铺油毡的在内——经过相当时期莫不漏,屋顶一漏,梁架即开始腐朽,继续下去就坍塌,修房如治牙补衣,以早为妙,否则"涓涓不壅,将成江河"。在开始浸漏时即加修理,所费有限,愈拖延则工程愈大,费用愈繁。不惟如此,在开始腐朽以至坍塌的期间,还有一段相当长久的溃烂时期。溃烂到某阶段时,那些建筑将成为建筑条例中所谓"危险建筑物",危害市民安全,既不堪重修,又不能听其存在,必须拆除。届时拆除的工作可能比现在局部的小修缮艰巨得多,费用可能增大若干倍。还不只如此,拆除之后,更有善后问题:大堆的碎砖烂瓦,朽梁腐柱,大多不堪再用(北平地下碎砖的蕴藏已经太多了),只是为北平市的清道夫和垃圾车增加了工作,所费人力物力又不知比现在修缮的费用增大多少(现在文整工作就遭遇了一部分这种令人不愉快而必需的拆除及清理废址的工作)。到那时北平市不惟丧失了无法挽回的美善的体形环境,丧失了无可代替的历史艺术文物,而且为市民或政府增加了本可避免的负担。北平文物整理与否的利害问题,单打这一下算盘,就很显然了。

　　现在正在修缮中的朝阳门箭楼就是一个最典型的例子。这楼于数年前曾经落雷,电流由东面南端第二"金柱"通讨下地,把柱子烧毁了大半。现在东南角檐部已经倾斜,若不立即修理,眼看着瓦檐就要崩落,危害城门下出入的行人车马。若拆除,则不能仅拆除一部分，因为少了一根柱子，危害全建筑物的坚固，毁坏倾颓的程度必须继续增进。全部拆除，则又为事实所不允许。除了修葺，别无第二条可走的途径。文整的工作大都是属于这类性质的。

抗战以前，若干使用或保管文物建筑的机关团体，尚能将筹得的款修缮在他们保管下的建筑。如故宫博物院之修葺景山万春亭，古物陈列所之修葺文渊阁，北海公园中山公园之经常修葺园内建筑物，等等，对于文物都尽了妥善保管与维护之责。

但这种各行其是的修葺，假使主管人对于所修建筑缺乏认识或计划不当，可能损害文物。例如冯玉祥在开封，把城砖拆作他用，而在鼓楼屋顶上添了一个美国殖民地时代式（colonial style）的教堂钟塔，成了一个不伦不类的怪物，因而开封有了"城墙剥了皮，鼓楼添个把儿"的歌谣。又如北平禄米仓智化寺是明正统年间所建，现在还保存着原来精美的彩画，为明代彩画罕见的佳例。日寇以寺之一部分做了啤酒工厂。复员以后，接收的机关要继续在这古寺里酿制啤酒，若非文整会力争，这一处文物又将毁去。恭王府是清代王府中之最精最大最有来历者，现在归了辅仁大学，但因修改不当，已经面目全非，殊堪惋惜。又如不久以前胡适之先生等五人致李德邻①先生请饬保护爱惜文物的函中所提各单位，如延庆楼、春藕斋等，或失慎焚毁，或局部损坏。所举各例，都是极可惋惜的事实。反之如中央研究院及北平图书馆之先后借用北海镜清斋，松坡图书馆之借用北海快

---

① 即李宗仁，字德邻，时任北平行辕主任。

雪堂,清华大学之使用清华园水木清华殿(工字厅),以及玉泉山疗养院最近请得文整会的许可,将原有船坞改建为礼堂;乃至如几家饮食商人之借用北海漪澜堂、五龙亭等处,都能顾全原制,而使其适用于现代的需要。使用文物建筑与其保存本可兼收其利的。因此之故,必须特立机构,专司整理修缮以及使用保管之指导与监督。而且战前有力修葺自己保管下文物的机关团体,现在大多无力于此,因此文整工作较前尤为切要。例如北海快雪堂松坡图书馆屋顶浸漏,午门历史博物馆金柱腐蚀,故宫太和殿东角廊大梁折断,北海万佛楼大梁折断等等,各该机关团体都无力修葺,文整会是唯一能出这笔费用并能为解决工程技术的机构。这些处工程现在都正在动工或即将动工中。

清华大学有一个工程委员会,凡是校内建筑与工程方面的大事小事,自一座大楼以至一片玻璃,都由该会负责。教职员学生住用学校的房产,无能力对于房屋的修葺负责,也不该擅自改建其任何部分,一切必须经由工程委员会办理。文物整理委员会之于北平市,犹如工程委员会之于清华大学,是同样负责修缮切实审查工程不可少的机构。

还有一点:北平文物虽不能成为不朽的化石,但文整工作也不是为它们苟延残喘而已。木构建筑物的寿命,若保护得当,可能甚长。我亲自实地调查所知,山西五台山佛光寺大殿,唐大中十一年建,至今已一千零九十一年;河北蓟县独乐寺观音阁及山门,辽统和二年建,已九百六十四年;山西榆次永寿寺雨华宫,宋大中祥符元年建,已九百四十年。此外宋辽金木构,我调查过的就有四十余处,元明木构更多。日本尚且有飞鸟时代(我隋朝)的京都法隆寺,已一千三百三十余年。北平文物建筑中最古的木构,社稷坛享殿(中山公园中山堂),建于明永乐十九年,仅五百二十七岁(此外孔庙大成门外戟门能部分地属于元代),若善于保护,我们可以把它再保留五百年,也许那时早已发明了绝对有效的木材防火防腐剂,这些文物就真可以同化石一样,不用再频加修缮了。到民国五百三十七年时,我们的子孙对于这些文物如何处置,可以听他们自便。在民国三十七年,我们除了整理保存,别无第二个办法。我们承袭了祖先留下这一笔古今中外独一无二的遗产,对于维护它的责任,是我们这一代人所绝不能推诿的。

朱先生将文物、旧书、毛笔三者相提并论。毛笔与旧书本在本文题外,但朱先生既将它们并论,则我不能不提出它们不能并论的理由。毛笔是一种工具,为善事而利器,废止强迫学生用毛笔的规定我十分赞同。旧书是文字所寄的物体,主要的在文字而不在书籍的物体。不过毛笔书籍也有物体本身是一件艺术品或含有历史意义的,与普通毛笔旧书不同,理应有人保存。至于北平文物建筑,它们本身固然也是一种工具,但它们现时已是一种富有历史性而长期存在的艺术品。假使教育部规定"凡中小学学生作国文必须用毛笔;所有教科书必须用木板刻版,用毛边纸印刷,用线装订;所有学校建筑必须采用北平古殿宇形制",我们才可以把文物、旧书、毛笔三者并论,那样才是朱先生所谓"正是一套"。否则三者是不能并论的。

　　至于朱先生所提"拨用巨款"的问题由上文的算盘上看来，已显然是极经济的。文整会除了不支薪金的各委员及正副处长外，工程处自技正秘书以至雇员，名额仅三十三人，实在是一个极小而工作效率颇高的机构，所费国币实在有限。朱先生的意思要等衣食足然后做这种不急之务。除了上文所讲不能拖延的理由外，这工作也还有一个理由。说起来可怜，中国自有史以来，恐怕从来没有达到过全国庶众都丰衣足食的理想境界。今日的中国的确正陷在一个衣食极端不足的时期，但是文整工作却正为这经济凋敝土木不兴的北平市里一部分贫困的工匠解决了他们的职业，亦即他们的衣食问题，同时也帮着北平维持一小部分的工商业。钱还是回到老百姓手里去的。若问"巨款"有多少？今年上半年度可得到五十亿，折合战前的购头力，不到二万元。我们若能每半年以这微小的"巨款"为市民保存下美善的体形环境，为国家为人类保存历史艺术的文物，为现在一部分市民解决衣食问题，为将来的市民免除了可能的惨淡地住在如庞贝故城之中，受到精神刺激和物质上的不便，免除了可能的一笔大开销和负担，实在是太便宜了。

　　许多国家对于文物建筑都有类似北平文物整理委员会的机构和工作。英国除政府外尚有民间的组织。日本文部省有专管国宝建筑物的部门，例如上文所提京都法隆寺，除去经常修缮外，且因寺在乡间，没有自来水，特拨巨款，在附近山上专建蓄水池，引管入寺，在全寺中装了自动消防设备。法国有美术部，是这种工作管理的最高机关。意大利也有美术部。苏联的克里姆林宫,以文物建筑作政府最高行政机构的所在,自不待说,其他许多中世纪以来的文物建筑,莫不在政府管理保护之下。每个民族每个国家莫不爱护自己的文物,因为文物不惟是人民体形环境之一部分,对于人民除给予通常美好的环境所能刺发的愉快感外,且更有触发民族自信心的精神能力。他们不惟爱护自己的文物,而且注意到别国的文物和活动。1936年伦敦的中国艺术展览会中,英美法苏德比瑞挪丹等国都贡献出多件他们所保存的中国精品。战时我们在成都发掘王建墓,纳粹的柏林广播电台都作为重要的文化新闻予以报道。美军在欧洲作战时,每团以上都有"文物参谋"——都是艺术家和艺术史家,其中许多大学教授——协助指挥炮火,避免毁坏文物。意大利 San Gi-mignano① 之攻夺,一个小小山城里林立着十三座中世纪的钟楼,攻下之后,全城夷为平地,但是教堂无恙,十三座钟楼只毁了一座。法国 Chartres②,著名的哥特时代大教堂,在一个德军主要机场的边沿上,机场接受了几千吨炸弹,而教堂只受了一处——仅仅一处(!)——碎片伤。对于文物艺术之保护是连战时敌对的国际界限也隔绝不了的,何况我们自己的文物? 我们对于北平文物整理之必然性实在不应再有所踌躇或怀疑!

---

①　译为圣吉米那诺,意大利托斯卡纳区内一个有千年历史的小城,保存有中世纪的建筑风格。

②　译为沙特尔主教座堂,位于法国沙特尔城,始建于1145年,为著名的天主教教堂,哥特式建筑的代表。